KB264413

21세기형 **영재** 육아법

21세기형 **영재** 육아법

21세기형 영재 육아법

수잔 루딩톤 지음 · 기정화 옮김
금동혁 박사(소아과학회 최고 권위자 전 강북 삼성병원 소아과 전문의) 감수

오늘

더욱 똑똑하고 머리좋은 아기로 키우려면 아기를 가진 그날부터
IS 자극법으로 육아를 시작하십시오.
월령에 따른 '시각 IS법', '청각 IS법', '후각 IS법', '촉각 IS법',
'운동 IS법'이 그림과 함께 자세히 설명되어 있습니다.

 출생에서 생후 1년까지
좀더 발달시키면 좋은 것

 밤에 우는 것 등 첫돌이 되기 전에
반드시 고쳐주어야 할 것

 앞으로 더욱 발달시키기 위해 출생 직후부터
1년 동안 꼭 해주어야 할 것

 앞으로 곤란해지지 않기 위해
출생 직후부터 해주어야 할 것

임신중인 엄마나 지금 귀여운 아기를 품에 안고 있는 엄마들은 자신의 아기가 보다 튼튼하고 영리한 아이로 자랄 수 있도록 무엇을 어떻게 도와주어야 할지 알고 싶을 것입니다.

최근의 의학계에서는 출산 전부터 생후 1년간이 두뇌 발달에 가장 중대한 영향을 미친다는 사실을 증명하고 있습니다.

아기의 두뇌에 가장 직접적으로 효과를 높일 수 있는 방법은 없을까요? 1979년 이래 미국에 있는 수많은 의료 관계자들이 이러한 사실에 주목하고 연구한 결과, 마침내 영리한 아기로 키울 수 있는 획기적인 방법을 체계화하게 되었습니다.

하루 15분이라는 짧은 시간으로 어떤 아기도 스스로 즐거워하며 익힐 수 있는 육아법을 집약한 이 책은 1985년 미국 전체에서 발매된 이래, 경이적인 베스트셀러가 되었고, 현재에는 미국 전체의 170개 이상의 종합병원에서 공인된 육아 매뉴얼 텍스트로 채택되기에 이르렀습니다.

이 책으로 총명하고 행복한 아기로 키우는 기쁨을 한국의 부모들과 함께 나눌 수 있어서 기쁘게 생각합니다.

이 책을 추천하며

옛 속담에 '세 살 버릇 여든까지 간다'라는 말이 있다. 어릴 때 형성된 성격이 얼마나 중요한가를 새삼 느끼게 하는 말이다.

특히 최근에는 생후 1년 동안의 육아법에 대한 중요성이 날로 심화되어 가고 있다. 그러나 아기의 IQ를 높여주는 방법이라든지 천재로 만드는 교육법 등이 홍수처럼 쏟아지고 있지만, 실제로 과학적인 근거가 있는 육아법은 그리 흔치 않다.

이 책에 소개되는 'IS법'은 엄마나 아빠들 뿐만 아니라 의사들로부터도 널리 평가받고 받아들여지고 있는 육아 프로그램으로 태교에서부터 1살짜리 갓난아기 교육의 중요성을 강조하고 있다.

엄마와 함께 하는 갓난아기 능력개발법과 케이스별 육아법을 정리한 이 책에는 아기를 키우는 엄마들에게 실질적인 도움이 되는 정보가 가득 차 있어서 실제로 아기의 균형있는 성장을 도와줄 뿐 아니라 엄마와 아기가 행복한 시간을 공유하는 방법도 가르쳐 주고 있다.

또한 단순히 조기교육이나 영재아를 만드는 육아법을 가르치는 것이 아니라, 아기의 개성과 차이를 인정하면서 두뇌와 몸과 마음의 균형을 맞춰 키우는 지혜를 담고 있다.

엄마가 항상 느긋한 마음으로 아기를 대하면 아기의 성격도 부드러워지고 편안한 상태로 자라지만, 엄마가 매일 똑같은 말만 하거나 푸념섞인 말을 자주 하게 되면 아기는 점점 신경질적인 아이로 자라기 쉽다. 아기가 병에 걸렸을 때도 엄마가 침착한 태도로 돌봐 주면 회복도 빨라진다.

　이처럼 아기들은 엄마 품에 안겨 젖을 먹거나 이야기를 서로 나누는 시간을 통해 성격이 형성되고 여러 가지 사물에 대해 배우고, 능력을 발휘하게 된다. 유치원이나 초등학교에 들어가게 되었을 때 좋은 성격의 아이르 자라기 위한 기초가 형성듸기 때문에 이 시기의 육아에 대한 중요성이 더욱 강조되는 것이다.

　이 책에서는 여러 가지 육아 방법에 대한 다양한 힌트를 줄 뿐만 아니라 과학적이고 합리적인 육아 프로그램을 통허 더욱 영리하고 건강한 아기로 키울 수 있는 방법을 자세히 가르쳐주고 있다. 그러나 훌륭한 아기로 키우기 위해서는 무엇보다도 엄마의 부드러운 말과 미스, 따뜻한 배려가 가장 중요하다는 것을 잊어서는 안 될 것이다.

전 강북 삼성병원 소아과 전문의 금동혁

21세기형 영재육아법_차례

2. 갓난아기 첫 365일 · 151

두뇌를 발달시키는 육아법 · 152

·말을 빨리 가르치고 싶다 ·정확한 언어를 구사하도록 키우고 싶다 ·말을 더듬거리지 않게 하고 싶다 ·책을 좋아하는 아이로 키우고 싶다 ·그림 그리기를 좋아하는 아이로 키우고 싶다 ·음악을 좋아하는 아이로 키우고 싶다 ·음감이 좋은 아이로 키우고 싶다 ·감성이 풍부한 아이로 키우고 싶다 ·지식욕이 왕성한 아이로 키우고 싶다 ·창의력이 있는 아이로 키우고 싶다 ·생각하고 탐구하는 아이로 키우고 싶다 ·아이의 기억력을 신장시키고 싶다 ·아기의 운동 능력을 키우고 싶다 ·손재주가 있는 아이로 키우고 싶다

정서발달을 위한 육아법 · 182

·밝게 웃는 아이로 키우고 싶다 ·착한 아이로 키우고 싶다 ·적극적인 아이로 키우고 싶다 ·자립심이 있는 아이로 키우고 싶다 ·분별력이 있는 아이로 키우고 싶다 ·침착한 아이로 키우고 싶다 ·원만한 성격의 아이로 키우고 싶다 ·자신감 있는 아이로 키우고 싶다 ·신경질적인 아이로 키우고 싶지 않다 ·자제력 있는 아이로 키우고 싶다 ·응석받이로 키우고 싶지 않다 ·버릇없는 아이로 키우고 싶지 않다 ·아빠를 잘 따르는 아이로 키우고 싶다 ·스스로 자신의 일을 하는 아이로 키우고 싶다 ·인사성이 바른 아이로 키우고 싶다 ·뒤처리를 잘하는 아이로 키우고 싶다 ·혼자서 잘 노는 아이로 키우고 싶다 ·물건을 소중히 다루는 아이로 키우고 싶다 ·밤에 우는 버릇을 고치고 싶다 ·오랫동안 칭얼

대며 우는 버릇을 고치고 싶다 ·떨어지지 않으려는 버릇을 고치고 싶다 ·안기려는 버릇을 고치고 싶다 ·아기의 나쁜 버릇을 고쳐주고 싶다 ·손가락 빠는 버릇을 고치고 싶다 ·아무것이나 입에 넣는 버릇을 고치고 싶다 ·머리를 다치지 않게 하고 싶다 ·신경질적인 버릇을 고치고 싶다 ·난폭한 행동을 하지 않는 아이로 키우고 싶다 ·이불을 걷어차는 습관을 고치고 싶다 ·낯가림하는 것을 고치고 싶다 ·친구를 잘 사귀는 아이로 키우고 싶다 ·일찍 자고 일찍 일어나는 아이로 키우고 싶다 ·배변과 배뇨를 확실히 가르치고 싶다 ·목욕을 좋아하는 아이로 키우고 싶다 ·청결한 아이로 키우고 싶다 ·이 닦는 것을 빨리 가르치고 싶다 ·컵을 사용해서 우유나 물을 먹게 하고 싶다 ·식사 예절을 잘 가르치고 싶다 ·편식하지 않는 아이로 키우고 싶다 ·고기를 싫어하는 것을 고쳐주고 싶다 ·미각이 발달된 아이로 키우고 싶다

신체발달을 위한 육아법 · 234

·병에 잘 걸리지 않는 아이로 키우고 싶다 ·감기에 잘 걸리지 않도록 키우고 싶다 ·열이 나기 쉬운 체질을 고치고 싶다 ·짜증내는 것을 고치고 싶다 ·설사하는 것을 고치고 싶다 ·변비를 고치고 싶다 ·코가 막히는 것을 고치고 싶다 ·기관지를 튼튼히 하고 싶다 ·코고는 버릇을 고치고 싶다 ·딸국질을 멈추게 하고 싶다 ·혈색이 좋은 아이로 키우고 싶다 ·잘 토하는 체질을 고치고 싶다 ·뚱뚱해지는 체질을 막고 싶다 ·알레르기 체질을 고치고 싶다 ·이유식에 빨리 길들이고 싶다 ·조제분유를 싫어하는 것을 고치고 싶다 ·우유를 싫어하는 것을 고치고 싶다 ·모유를 끊고 싶다 ·식욕 부진을 고치고 싶다 ·튼튼한 피부로 키우고 싶다 ·종기가 잘 나지 않게 키우고 싶다 ·동상에 걸리지 않게 하고 싶다 ·땀띠가 나지 않도록 키우고 싶다 ·침 흘리는 것을 고치고 싶다 ·엉덩이가 짓무르는 것을 고치고 싶다 ·손발이 차가운 체질을 고치고 싶다 ·발과 허리

가 튼튼한 아이로 키우고 싶다 ·빨리, 능숙하게 걷게 하고 싶다 ·자세가 바른 아이로 키우고 싶다 ·탐스러운 머리결로 가꾸어주고 싶다 ·머리 모양이 예쁜 아기로 키우고 싶다 ·사시를 고치고 싶다 ·근시가 되지 않도록 키우고 싶다 ·턱의 힘을 강하게 하고 싶다 ·고른 이로 키우고 싶다 ·충치가 없는 아이로 키우고 싶다 ·고운 목소리를 가진 아이로 키우고 싶다 ·발 모양을 예쁘게 하고 싶다 ·멀미를 하지 않는 아이로 키우고 싶다

1

IS 태교 육아법

영리한 아기로 키우는 IS 자극법이란?

"당신은 어떤 아기를 갖기 원합니까?"

앞으로 아기를 갖게 될 엄마에게 물어보면 대부분 이렇게 대답한다.

"사지만 멀쩡하면 그걸로 충분해요."

그럴 때마다 나는 '이 부인도 좋은 엄마가 되기는 틀렸구나.' 하고 생각하게 된다. 엄마로서 돌이킬 수 없는 잘못을 저지르고 있는 것이다.

어느 아기이든 좀더 자라면 초등학교에 들어가게 되고 중학생이 된다. 그때가 되어도 과연 우리 아이는 사지가 멀쩡하니까 더 이상 아무것도 바라지 않는다고 말할 수 있을까?

"좀더 공부를 잘했으면 좋겠는데."

"아무래도 우리 아이는 집중력이 모자라는 것 같아."

이런 말이 나오는 것은 엄마들이 생후 1년 동안 아기 교육에 너무 무관심했기 때문이다.

임신 기간을 포함해서 생후 1년까지는 인간의 일생 중 뇌가 가장 크게 발달하는 시기이다. 이때가 아기에게 있어서는 초등학교에 들어갈 때와는 비교되지 않을 정도로 큰 영향을 받게 된다. 초등학생이 된 뒤 머리를 좋게 하려고 해봐야 이미 때는 늦다.

첫돌이 되기 전에 아기의 두뇌를 훈련시키면 매우 쉽게 큰 효과를 얻을 수 있다. 이때라면 아기가 가지고 있는 능력을 100%, 또는 그 이상으로 발달시킬 수 있다.

그럼 도대체 어떻게 하면 좋을까?

그 방법을 알기 쉽게 따라할 수 있도록 구체적으로 정리한 것이 바로 지금부터 소개하는 'IS법(Infant Stimulation, 아기 능력 개발법)'이다.

IS법 프로그램을 실천하면 다음과 같은 것을 얻게 된다.

- 아기의 지능지수(IQ)를 27~30점 향상시킬 수 있다.
- 아기가 까닭 없이 보채거나 울지 않게 된다.
- 금방 잠들고, 깊은 잠을 자게 된다.
- 생후 4일째에 혀를 내밀고, 9개월째에 간단한 말의 뜻을 알아듣게 되며 18개월째에 바른말을 사용할 수 있게 된다.
- 다른 아기보다 빨리 자기가 원하는 대로 손가락이나 몸을 움직일 수 있게 된다.
- 몸이 빨리 자라고, 체중이 부쩍부쩍 늘어나게 된다.
- 다른 아기보다 빨리 앉거나 기고 걷게 된다.
- 운동 신경이 발달하게 된다.

- 기억력이 좋아진다.
- 다른 사람과 잘 어울리고 협조하는 원만한 성격을 갖게 된다.
- 인간에 대한 흥미와 애정을 갖게 된다.
- 아기와 엄마 사이에 강한 유대감이 생기게 된다(이런 유대감을 갖는 것은 매우 중요하다. 그렇지 못한 아기에게는 가정 불화, 부모 자식 사이의 단절, 비행 등이 일어나기 쉽다).

이러한 여러 가지 성과를 얻기 위해서는 많은 어려움이 뒤따르지 않을까 하고 걱정하는 엄마도 있을 것이다. 하지만 너무 걱정할 필요는 없다. 영리한 아기로 키우는 데 필요한 시간은 하루에 15분이면 충분하기 때문이다.

IS법, 즉 아기 능력 개발법은 최소한의 시간으로 최대의 효과를 올릴 수 있도록 짜여진 육아 프로그램으로, 엄마가 아기에게 바치는 시간은 하루에 15분이면 족하다. 매일매일 가사와 육아에 쫓기는 엄마나 맞벌이 부부라도 얼마든지 낼 수 있는 시간이다.

IS법에 필요한 것은 오직 엄마의 열의뿐이다. 비싼 장난감이나 교재도 필요없다. 어느 가정에나 흔히 있는 탁구공이나 리본, 천 조각 등을 이용하면 되고, 시험지나 매직펜으로 간단히 만들 수 있는 장난감만 있으면 된다.

아기를 키우다 보면, 비싼 장난감을 사다 주었는데도 아기가 거들떠보지도 않는 경우가 있다. 그것은 장난감이 아기의 취미를 무시한 채 만들어져 있기 때문이다.

그런 장난감보다는 엄마가 손수 만든 장난감을 아기는 훨씬 더 좋아한다. 아기는 감정이 매우 민감해서 엄마가 만든 장난감을 금세 알아차린다.

아기 교육에 대해서라면 아기의 IQ를 높여주는 비법이나 천재로 만드는 교육법이 다양하게 소개되고 있어서 귀가 따갑게 들어왔다고 말하는 엄마도 있을 것이다.

그러나 그러한 육아법 가운데는 과학적인 근거가 없는 것이 대부분이다. 그래서 엄마들이나 산부인과나 소아과 의사들로부터 외면당하고 있는 것이 현실이다.

의사들은 아기의 머리를 좋게 만드는 것만을 목적으로 한 교육법에 대해서는 부정적인 입장을 취하고 있다. 그 이유는 인간이 성장하는 데에는 그 밖에도 소중한 부분이 많이 있기 때문이다.

IS법은 지금까지의 교육법과는 전혀 다른, 많은 연구와 과학적인 실험을 통해 실용화된 시스템이다. 처음부터 끝까지 아기를 전문적으로 취급하는 의료 관계자의 손에 의해 프로그램화된 육아 프로그램인 것이다.

본격적으로 IS법이 보급되기 시작한 것은 1975년이다. 그 뒤 이 효과는 '로스앤젤레스 타임스'를 비롯하여 미국의 매스컴에 대대적으로 보도되었다.

지금은 캘리포니아 대학 로스앤젤레스 분교를 비롯하여 미국의 176개 이상의 종합병원에서 이 방법을 활용하고 있다.

미국 오하이오 주에서는 IS법을 실시하지 않는 조산원은 의원으로 인가를 내주지 않는다는 주법까지 제정되었을 정도다. 이처럼 엄마나 아빠들 뿐만 아니라 의사들로부터도 이 IS법은 널리 좋은 평가를 받고 있다.

그렇다면 IS법은 구체적으로 어떻게 하는 것일까?

앞에서 아기에 대한 교육이라고 말했지만, 실제로 생후 1년 동안 아기에게 필요한 것은 우리가 보통 생각하는 학교 교육과 같은 것이 아니다.

엄마가 애정을 다해 놀아주거나 시중을 들거나 관심을 써주는 것이 아기에게는 바로 교육이 된다. 그러므로 아기를 사랑하는 엄마라면 자연스럽게 귀여워해주는 것만으로도 훌륭한 교육이 되는 것이다. 그것만으로 훌륭한 교육이 된다면 IS법이라든가 특별한 프로그램은 그다지 필요하지 않을 것이다.

하지만 당신은 아기에 대해 얼마나 알고 있는가? 아기의 마음을 충분히 알고 이해할 자신이 있는가?

아기의 기분을 충분히 이해할 수 없다면 그 애정과 호의는 뭔가 잘못되어 있는 것이다. 기뻐할 것이라고 생각하여 관심을 써준 것이 오히려 아기를 초조하게 만들고 있는지도 모른다.

예를 들어, 아기와 놀아줄 때도 아기에 대해 얼만큼 알고 있는가에 따라 크게 달라진다. 다음 질문에 어느 정도 대답할 수 있는지 생각해보기 바란다.

- 어떤 장난감을 좋아할까?
- 어떤 색을 좋아할까?
- 어느 정도까지 눈이 보일까?
- 언제 엄마가 함께 놀아주기를 바랄까?
- 놀이에 지쳐 있다는 것을 어떻게 알 수 있을까?

이러한 것은 최근의 연구로 거의 밝혀졌다. 이 책에서는 IS법의 여러 가지 놀이가 소개되는데 그 하나하나는 이러한 연구를 바탕으로 만들어진 것이다. 아기의 기분을 존중하여 엄마의 애정을 곧바로 전달하는 것이므로 아기는 금방 흥미를 느껴 놀이에 열중하게 된다. 따라서 IS법은 짧은 시간에 최대의 효과를 올릴 수 있는 육아 프로그램이다.

이제까지 갓난아기의 육아법에 관해 오해와 그릇된 상식이 많았던 것이 사실이다. 그러나 다음과 같은 점들은 IS법에서만 선보이는 새로운 육아 정보이다.

- 아기는 어둡고 조용한 곳보다는 약간 밝고 떠들썩한 곳에서 쉽게 잠든다.
- 엄마의 심장 고동소리를 녹음한 테이프를 들려주면 보채던 아기도 침착해져 쉽게 잠든다.
- 생후 몇 주 동안은 젖을 먹일 때 말을 걸면 젖을 만족스럽게 빨지 못한다.

이렇게 아기를 돌보는 엄마에게 도움이 되는 정보가 IS법에는 가득 차 있다.

인간이 자라나는 데는 지능의 발달 외에도 운동이나 감정, 사회성 등 중요한 네 가지 측면이 있다. 이 네 가지가 균형있게 성장해 가는 것이 가장 바람직하며 어느 한 분야의 성장 때문에 다른 분야가 희생되어서는 안 된다.

이 조건을 충족시키는 이상적인 교육법인 IS법을 처음 체계화한 것이 바로 이 책이다. 생물심리사회학 저널리스트인 수잔 K. 골란트 씨와 내가 함께 쓴 것이다.

갓난아기의 엄청난 능력 개발에 관한 성과를 여러분과 나눌 수

있게 된 것을 진심으로 기쁘게 생각한다. 여러분도 아기에게 커다
란 꿈과 이상을 가져주기 바란다. 아기가 지니고 있는 무한한 가
능성을 믿도록 하자.

　사지만 멀쩡하면 좋다고 생각한다면, 그 정도의 아이밖에는 되
지 않을 것이다.

▶ 생후 얼마 안 되는 갓난아기도 눈은 보인다
모빌을 보여주면 두뇌가 자극을 받기 때문에 매우 좋아한다.

_갓난아기는 언제 오감을 갖게 될까?

갓 태어난 아기를 그저 울며 젖만 먹는 인형쯤으로 생각하고 있지는 않은가?

사물을 보고 듣고 느끼는 능력을 오감이라고 한다. 당신은 아기가 이런 느낌을 언제부터 갖게 된다고 생각하는가?

사실 아기가 이 세상에 태어났을 때, 이미 오감의 대부분은 어른과 비슷한 수준까지 자라나 있다.

'아기가 눈을 반짝 뜬다면 얼마나 귀여울까?'

아기를 처음으로 대면한 엄마들은 흔히 이렇게 생각할 것이다. 그런데 아기의 눈은 태어나면서부터 보인다는 것을 대부분의 사람들은 모르고 있다.

아기의 눈이 보이지 않을 것이라고 생각하게 된 것은 어떤 물건을 얼만큼의 거리에서 어떻게 보여주면 아기가 즐거워하는지 알려져 있지 않았기 때문이다.

"그래도 갓 태어난 아기 눈이 어떻게 보이겠어요?"

"아기는 생후 3개월까지는 아무것도 보지 못한대요."

이렇게 생각하는 엄마들을 이해시키는 것은 매우 간단하다. 태어난 지 얼마 안 되는 아기의 엄마에게 실험 대상이 되어 달라고 부탁하면 된다.

아기를 엄마의 무릎에 앉히고 눈에 띌 만한 곳에서 모빌을 가까이 접근시킨다. 그런 다음 아기의 코끝에서 30cm 정도 떨어뜨리면, 그 순간 아기의 표정은 환히 빛난다. 즉 눈을 크게 뜨고 모빌을 바라보게 된다.

아기의 얼굴 오른쪽에서 왼쪽으로 천천히 모빌을 움직여주면 아기의 머리와 눈이 그것을 쫓아 움직이기 시작한다.

_태아가 갖고 있는 놀라운 능력

1976년의 어느 날, 아이들에게 음악을 가르치고 있는 어느 관현악단의 지휘자가 친구인 산부인과 의사에게 불평을 늘어놓았다. 아이들이 전혀 음계를 올바로 분간하여 듣지 못한다는 것이었다.

"좀더 빠른 시기에 음악을 가르치지 않으면 안 되겠어. 늦기 전에 아이들이 듣는 훈련을 시작할 수는 없을까?"

이 지휘자의 말을 들은 산부인과 의사의 머릿속을 스쳐가는 것이 있었다.

도대체 몇 살부터 훈련을 시작하면 늦지 않을까. 6살? 3살? 태어난 직후? 아니면 어머니의 뱃속에 있을 때부터?

박사는 곧 실험을 해보았다.

먼저 출산을 앞둔 임산부의 자궁에 마이크를 삽입해 24시간 동안 들려오는 소리를 녹음했다. 그것을 컴퓨터로 분석해 자궁 안에서 어떤 소리가 들리는지 알아보았다.

그 결과 가장 큰 소리는 쿵쿵거리는 엄마의 심장 고동과 혈관에서 들려오는 소리였다.

그런 다음, 박사는 녹음한 심장의 고동소리를 갓 태어난 아기들에게 들려주어 보았다. 그러자 갓난아기들은 모두 침착해지고 조용해졌으며 새근새근 잠이 들었다. 태어나기 전부터 귀가 틔어 있어서 그때 들은 고동소리를 기억하고 있는 것이 틀림없었다. 이 얼마나 멋진 발견인가.

그때까지는 뱃속의 아기가 무슨 소리를 들을 수 있으리라는 것을 가정해본 사람조차 없었다. 그런데 그 산부인과 의사는 하나의 상식을 깨뜨린 셈이 되었다.

뱃속의 태아에게도 지각 능력이 있고 자궁 속에서 들은 소리를 기억할 수 있다는 사실을 처음으로 증명해 보인 것이다.

그 뒤 박사의 발견이 옳았다는 것이 전세계의 많은 과학자에 의해 거듭 확인되었다. 그뿐만 아니라 태아가 그 밖에도 갍은 능력을 간직하고 있다는 것이 속속 보고되었다.

예를 들면 임신 7개월째에 태어난 아기가 흑백의 도형을 보거나 신맛이나 강한 냄새를 싫어한다는 것도 알게 되었다.

임신 후반의 어머니 배에 빛을 갖다 대거나 헤드폰을 이용해 소리를 흘려보내면 뱃속의 아기는 분명히 반응한다. 이처럼 생각보다 빨리 아기들은 보거나 듣거나 느낄 수 있는 것이다.

▶ 8개월째에 들어서면 무슨 소리도 다 듣게 된다

엄마가 말을 걸어주면 뇌의 성장이 빨라진다.

▶ 태어난 직후에 부모의 목소리를 구별한다

메시지 테이프로 뱃속의 아기와 이야기를 나눌 수 있다.

보통 성장기라고 하면 키가 부쩍부쩍 자라는 중·고등학교에 다니는 시기를 가리킨다. 하지만 뇌의 성장기는 그것보다 훨씬 빠른, 엄마의 뱃속에서 아기의 목숨이 싹틀 무렵부터 생후 1년까지이다.

갓 태어난 아기는 몸에 비해 머리가 매우 크다. 뇌의 크기는 어른이 되었을 때의 4분의 1이나 된다.

첫번째 생일인 돌상을 차릴 즈음, 아기의 뇌의 무게는 성인의 약 70퍼센트에 달하게 된다. 게다가 뇌의 신경세포는 이때면 이미 모두 생겨나 갖추어지게 되므로 두 번 다시 고쳐 만들어지는 일은 없다. 또한 그 성장도 70~80퍼센트는 끝나 있다.

사지가 멀쩡하게 태어난 것만으로 만족한다든가, 갓난아기는 눈이 보이지 않기 때문에 무엇을 하든 소용없다고 생각하여 느긋하게 기다리고 있는 사이에 뇌의 발달에 가장 중요한 시기는 허무하게 지나가 버리고 만다.

그렇다면 이 기간 동안에 아기를 위해 무엇을 해야 할까? 필자가 개발한 프로그램은 바로 그것을 위해 있는 것이다. 아이가 초등학교와 중학교에 들어간 후와 비교가 되지 않을 정도로 뇌를 발달시킬 수가 있다.

이 2년 동안의 환경에 따라 아기의 뇌세포의 성장은 좋은 방향이든 나쁜 방향이든 커다란 영향을 받게 된다. 그리고 그에 따른 몸 전체의 성장도 뇌의 발달에 따라 좋게도 되고, 나쁘게도 되는 것이다.

머리와 몸의 성장을 크게 좌우하는 이 시기, 특히 생후 1년 동안은 그 사람의 일생에서 가장 중요한 시기이다. 그것이 어떤 모양의 1년이 되느냐는 모두 엄마 아빠의 마음가짐에 달려 있다.

뇌가 성장하는 데는 도대체 무엇이 필요할까?

키가 무럭무럭 자라는 신체의 성장기에 가장 중요한 것은 균형 있는 식사이다. 그러나 뇌의 성장기에는 음식물만으로는 불충분하며 무엇보다도 오감을 적절히 자극시키는 것이 필요하다.

어머니의 뱃속에 있을 때부터 아기에게 오감이 대충 갖추어져 있다는 것은 이미 알고 있을 것이다. 이때 이미 아기는 자극을 받아들일 준비가 갖추어져 있는 셈이다.

그렇다면 아기가 자라나는 데 적절한 자극은 어떤 것일까. 여기서 말하는 자극이란 결코 영재교육 같은 것이 아니다. 가장 나쁜 자극은 억지로 아기에게 글자나 숫자를 가르쳐주려고 하는 학습방식이다.

그보다는 마음으로부터 갓난아기를 귀여워해 준다든가, 같이 놀아주는 것이 가장 좋은 자극이 된다. 자장가를 불러주거나 이야기를 들려주거나 토닥거려주는 등 아기를 사랑하는 엄마라면 누가 시키지 않아도 자연히 해주게 되는 자극이다.

그런 것이라면 누구나 하고 있는 일이 아닌가 하고 생각할지도 모른다. 그래서 그러한 행동만으로 아기의 성장을 도우리라고는 생각지 못했을 것이다.

하지만 사랑스럽게 쓰다듬어주거나 말을 걸어주고 많이 달래준 아기일수록 체중이 순조롭게 늘어나고, 앉거나 걷는 데 걸리는 시간이 매우 짧아진다는 것이 이미 과학적으로도 증명되고 있다.

그렇다면 사랑을 받지 못한 아기는 어떻게 될까. 한 가지 예로,

이란의 고아원에서 행해진 조사가 있다.

그 고아들은 충분한 사랑은커녕 어른들의 무관심 속에 거의 방치된 채로 자라났다. 그래서인지 혼자 앉을 수 있을 때까지 걸린 시간이 보통 아기들보다 444배나 더 걸리고 말을 배우는 속도도 매우 느렸다.

그러나 우간다의 아기들은 완전히 다르다. 우간다의 엄마들은 일하러 나갈 때 아기를 업고 나가 하루 종일 말을 걸거나 달래는 것이 일과처럼 되어 있으며 더욱이 아빠와 형, 삼촌에 이르기까지 가족 모두가 아기를 돌봐주는 것을 몹시 좋아한다고 한다.

따라서 그 나라 아기들은 사랑을 듬뿍 받기 때문에 태어난 지 5개월이 되면 기기 시작하고, 7개월이 되면 걷기 시작하며 대소변을 가리게 되는 것도 겨우 11거월밖에 걸리지 않는다고 한다.

_엄마 몸 안의 환경

IS법은 가장 최근의 과학적 연구에 의해 만들어진 육아법이다. 따라서 아기를 자극하는 가장 좋은 시기와 방법이 분명하고 구체적으로 정리되어 있다.

또한 아기에 대한 애정을 곧바로 전해주며 아기를 즐겁게 해주고 안심시켜주는 것이 IS법의 최대 목적이다. 뇌나 신체의 성장을 돕는 것은 그 부산물이라고 생각하기 바란다.

식물이 충분한 햇빛과 양분에 의해 자란다면, 아기는 사랑에 의해 자란다고 할 수 있다. 누구나 아기를 사랑하는 사람으로 만들어주는 것이 바로 IS법이다.

아기가 태어난 직후에는 물론이고, 아직 엄마 뱃속에 있을 때부터 꼭 시작해야 하는 것이다.

아기의 뇌는 이 세상에 태어나기 전에도 조용히 쉬고 있지 않으며 계속 성장하기 위해 많은 자극을 기다리고 있다.

아기가 10개월 동안 살게 되는 자궁이란 도대체 어떤 곳일까? 당신은 아기에 대해 어떻게 생각하고 있는가.

아기는 과연 하늘이 내려주신 조용하고 따사로우며, 안전하고 이 세상에서 가장 평화로운 세계, 시끄러운 현실에서 격리된 엄마의 자궁 안에서 행복하게 두둥실 떠 있는 것일까.

당신의 상상력은 그러한 환상의 세계를 그리고 있는지도 모른다. 그러나 실제로는 그것과 완전히 다르다. 자궁은 시끄럽고 갖가지 자극이 가득한 매우 복잡한 세계이다.

자궁 안에서는 엄마의 위장에서 음식물이 소화되는 소리, 심장의 고동소리, 혈관 속으로 혈액이 흘러가는 소리 등이 일대 교향곡처럼 연주되고 있어서 그 음량은 약 72~84데시벨이나 된다. 우리의 보통 이야기 소리는 65데시벨 정도이므로 상당히 시끄러운 것이다.

또 자궁 안을 채우고 있는 양수는 오래된 것은 배설되어 새로 만들어진 것과 바꾸어진다(11일 간격으로 모든 것이 교환된다). 이런 양수의 움직임이 완만한 소용돌이를 만들어 아기의 몸을 끊임없이 자극해주고 있는 것이다.

뱃속의 아기는 자신을 자극해주는 것을 매우 좋아한다. 임신 1개월이 지난 다음부터 팔다리를 움적거리거나 몸통이나 머리, 허리 따위를 구부리거나 비틀며 바쁘게 움직이기 시작한다. 몸을 움직이는 것은 근육 움직임의 균형을 취하는 연습이 된다.

임신 3개월 정도부터는 양수를 마시거나 손가락을 핥거나 젖을 빨아 삼키는 준비도 서서히 시작한다. 물론 엄마로부터 보내지는 자극도 많다.

엄마가 몸을 움직일 때마다 아기가 사는 집은 흔들려 움직이고, 숨을 쉬는 것만으로도 양수에 살며시 물결이 일어난다.

뱃속에 있는 아기의 뇌는 매우 빠른 속도로 자라고 있지만, 임신 8개월 전후부터는 그 속도가 한층 더 빨라진다.

이상하게 생각되는 것은 요즈음은 엄마들의 태도가 예전과는 많이 달라졌다는 점이다. 불룩한 배를 부드럽게 쓰다듬기도 하고 두드리거나 흔들어보기도 한다. 사랑스럽게 뱃속의 아기에게 말을 걸어보는 엄마들도 있다.

"엄마는 네가 그곳에 있는 것을 분명히 알 수 있어."

"이젠 조금만 기다리면 된단다."

임신 4~7개월 된 엄마는 그런 행동을 하지 않지만, 8개월이 되면 갑자기 시작하게 된다. 뱃속의 아기가 중요한 시기를 닺이하고 있다는 것을 직감적으로 깨닫고 본능에 이끌려 자극해주는 것이 아닌가 생각된다.

그렇다면 임신 8개월째에는 도대체 어떤 일이 일어나는 것일까? 가장 큰 변화는 아기의 귀가 어른과 같을 정도로 들리기 시작하는 것이다. 게다가 자궁 벽은 당겨져 엷어지게 되어 밖의 빛이나 소리가 더욱 잘 전달된다.

이때 엄마의 목소리나 음악을 아기에게 들려주면 뇌가 성장하는 데 큰 도움이 된다.

예를 들어 뱃속에 있는 아기에게 소리를 들려준 실험이 있는데, 이때 엄마의 안쪽 벽을 두드리거나 차거나 하는 아기는 '원기그룹'이고 둔한 움직임밖에 하지 않는 아기는 '둔감그룹'으로 분류된다.

이 아기들은 태어난 지 반년 뒤에 비교해보면 원기그룹 쪽이 지능에서나 운동 능력에서 훨씬 빨리 성장하는 것을 알 수 있다. 뱃속에 있을 때부터 자극에 익숙하면 그만큼 유리하게 삶을 시작할 수 있는 셈이다.

만약 자극하는 방법이 적절하다면 행복한 아이로 키우는 것을 직접 도와주게 되는 것이다. 그 이유를 몇 가지로 설명해보겠다.

첫째, 뱃속의 태아는 엄마의 정신적인 면에 큰 영향을 받는 것으로 알려져 있다.

예를 들어 아이를 바라지 않는데 임신이 되었거나 남편의 이해나 배려가 부족하여 결혼생활에 불만이나 불안이 있는 엄마로부터는 성격이 비뚤어진 아기가 태어날 수 있다.

반대로 아기를 진심으로 기다려 왔던 엄마나 생활에 만족하고 있는 엄마로부터는 건강하고 사교적인 아이가 태어날 가능성이 많다.

아기의 바람직한 성장에 가장 필요한 것은 엄마의 애정이다. 임신한 것을 정말 행복하게 생각하는 것만으로도 엄마의 기분은 뱃속의 아기에게 충분히 전달된다.

하지만 엄마의 애정을 좀더 확실하게 보여주고 싶다면 매일 소리를 내어 말해주면 된다.

둘째, 아기가 자궁 속에 있는 동안 엄마의 목소리나 노래, 음악 등을 들려주면 태어난 뒤 아기는 금방 안심하게 된다.

편안하고 익숙하게 머물던 자궁으로부터 새로운 세계로 나온 아기는 불안과 어리둥절한 마음으로 가득 차 있다. 그래서 평소에 듣던 음악 따위를 들려주면 침착해지므로 잠을 재우고 싶을 때 이것을 이용하면 편리하다.

그리고 불안감을 빨리 없애버리면 그만큼 새로운 세계에 대한 적응도 빨라지고 많은 것을 배울 수 있게 된다.

_뱃속의 아기와 친해지는 방법

자궁 속의 아기에게는 많은 소리들이 들리지만, 그것이 무슨 소리인지 분간하지는 못한다. 모든 소리가 뒤섞여 하나의 배경음악이 되기 때문이다.

그래도 엄마의 소리만은 다르다. 억양이 다른 소리와는 분명 다르므로 아기는 명확하게 분간하여 들을 수 있다.

당신도 뱃속의 아기와 가까워지고 싶을 것이다. 얼마나 아기를 사랑하고 있는지 알려주고 싶을 것이다. 이때 매우 적절한 방법이 있다. '메시지 테이프'를 만들어 아기에게 들려주는 것이다.

아기의 이름을 부르며 자기들이 아빠와 엄마라는 것을 알려준다. 그리고 얼마나 아기를 사랑하고 있는지 말을 건다. 테이프에는 다음과 같은 내용을 녹음한다.

아기의 성별을 모르므로 우선 '샛별'이라고 부르도록 하자. 엄마는 다음과 같은 테이프를 만들 수 있다.

"샛별아, 내가 너의 엄마란다. 사랑하는 샛별아, 엄마는 네가 태어나기를 몹시 기다리고 있단다. 샛별아, 이제부터 엄마가 이솝 이야기를 읽어줄게."

이어서 아빠도 똑같이 녹음한다.

"샛별아, 내가 너의 아빠란다. 사랑한다, 샛별아. 내가 아빠야. 샛별아, 너를 위해 보너스의 절반이 날아갔단다. 하지만 너를 사랑하고 있단다, 마음 푹 놓으렴."

두 사람 모두 각각 3~5분씩 이야기한다. 그리고 엄마의 배 약간 아래쪽, 샛별이의 귀가 있는 근처에 헤드폰을 대고 임신 7개월째부터 매일 테이프를 들려준다.

드디어 샛별이가 태어날 날이 되었다.

갓 태어난 샛별이의 모습을 비디오로 담을 준비를 갖추고 기다린다.

샛별이는 무사히 태어났고 곧 엄마의 가슴에 안겨진다. 갓 태어난 아기들이 그렇듯이 샛별이는 엄마의 가슴에 코를 비벼대는 시늉을 한다. 이때 아빠는 샛별이의 왼쪽에 서서 말을 건다.

"샛별아, 내가 아빠란다. 사랑한다, 샛별아. 내가 아빠야. 사랑해, 샛별아."

다음 순간, 아무도 예상하지 못한 일이 일어나게 된다.

아빠가 테이프에 녹음한 것과 똑같은 내용으로 말을 걸 때마다 샛별이는 그 방향을 응시하는 몸짓을 해보인다.

다음에는 아빠가 분만대 반대쪽으로 돌아가 같은 말을 되풀이한다. 그러면 샛별이는 작은 머리를 180도 회전시켜 아빠 쪽으로 향한다.

종합병원의 분만실은 갖가지 소리가 뒤섞인 소란스러운 곳이다.

그 속에서도 아기는 다른 여러 소리 가운데서 아빠의 목소리를 또렷하게 분간할 수 있는 것이다. 이 '메시지 테이프'를 사용하면 태어나기 전의 아기와 멋진 대화를 할 수 있고, 엄마의 목소리를 알려 친숙하게 만들 수도 있다. 물론 아기의 뇌를 발달시키는 데도 많은 도움이 된다.

테이프에 녹음할 때는 각자 취향대로 해도 되지만, 다음 몇 가지를 참고하면 좋을 것이다.

- 아기의 이름을 천천히 정중하게 세 번 되풀이하는 것으로 시작한다. 그 뒤에는 가능한 한 여러 번 이름을 불러주도록 한다.
- 당신이 엄마이고 얼마나 아기를 사랑하고 있는지 가르쳐준다. 아기가 이렇게 되면 좋겠다, 이렇게 되기를 바란다는 것을 구체적으로 이야기한다.
  "샛별아, 내가 엄마란다. 너를 사랑하고 있어. 샛별아, 네가 태어나는 것을 몹시 기다리고 있단다."
  "샛별아, 넌 매우 영리한 아기가 되겠지? 아주 귀엽고 친절하고, 음~ 그리고 정직하고 착실한 아이가 되어주렴. 사랑해, 샛별아."
- 아기에게 질문하든가 당신에게 있었던 하루 동안의 일을 이야기해준다.
  "엄마가 오늘 뭘 했는지 아니? 슈퍼마켓에 갔었어. 거기서 무얼 샀을까? 닭고기와 오이와 바나나와 감자를 샀단다. 너도 곧 이런 것들을 먹게 될 거야."
- 자장가를 부르거나 이야기를 들려줘도 좋다.
- 엄마가 5분쯤 이야기한 다음, 아빠가 이야기하도록 한다.

- 마지막에 클래식 음악을 5분쯤 들려준다.

"그럼 이젠 음악을 들어볼래? 비발디라는 아저씨가 만든 '사계'라는 곡이야. 함께 들어볼까?"

테이프가 완성되면 다음과 같이 들려준다.

- 임신 12주 이후라면 언제 시작해도 상관없다. 임신 말기 2개월 동안은 잊지 말고 매일 들려주도록 한다.

- 배의 헤드폰을 대는 부분에 물을 두 방울 정도 떨어뜨린다. 물이 소리의 전도를 도와주기 때문이다.

- 엄마의 배에 헤드폰을 댄다. 아기의 귀가 어디쯤에 있는지 미리 산부인과 의사에게 물어 알아두도록 한다.

- 음량은 눈금의 3이하. 당신이 기분 좋게 들을 수 있을 정도의 크기가 아기에게 적당하다.

- 뱃속의 아기가 가장 눈이 초롱초롱하고 재빨리 자극에 반응하는 것은 오후 8시에서 한밤중인 12시까지이다(이 시간대는 다른 시간보다 아기의 운동량이 2배 이상 된다고 한다. 자려고 할 때 꼭 아기가 뛰는다고 말하는 엄마가 많은 것도 이 때문이다).

- 가능하면 한 번에 15분짜리 테이프를 밤에 네 번(8시, 8시 반, 9시, 9시 반) 들려줄 것. 물론 하루에 한 번이라도 상관없다. 하지만 테이프를 많이 들려줄수록 효과도 그만큼 크다는 것을 알아야 한다.

아기는 뱃속에 있을 때부터 음악에 매우 민감하다.

음악이 없는 생활, 얼마나 무미건조한가. 아기도 그런 기분은 마찬가지이다. 임신중인 엄마가 콘서트에 참석하게 되면 크게 흥분해서 엄마의 배를 강하게 차곤 한다.

아기들은 음악이 시작된 지 몇 분 지나지 않아 심장의 고동이 빨라지거나 손발을 움직거리며 갖가지 반응을 나타낸다. 하지만 음악이 아닌 단조로운 소리에 대해서는 이와 같은 반응을 보이지 않는다. 엄마 곁에서 큰 소리가 나도 모른 체한다. 그러나 음악에 대해서는 소리가 작아도 반응하게 된다. 귀가 매우 익숙해 있는 것이다.

로스앤젤레스의 산부인과 병원의 대부분은 바하의 '프렐리우드' 등을 들려준다. 물론 그만한 효과가 있기 때문이다. 아기는 침착해져서 울지 않게 되고 체중도 순조롭게 불어난다.

1984년에는 음악이 아기의 운동신경 발달에도 도움이 된다는 보고가 나왔다.

태어난 뒤에는 물론, 꼭 뱃속의 아기에게도 음악을 들려주도록 한다. 가장 효과적인 방법을 소개하겠다.

- 하루에 10분 정도 엄마도 휴식을 취하면서 아기와 함께 음악을 듣는 시간을 만든다(역시 오후 8시에서 12시 사이가 가장 좋다). 느긋한 기분으로 음악을 듣도록 한다. 흔들의자에 앉아 살며시 몸을 움직이는 것도 좋다.
- 스테레오나 카세트 음량은 보통의 대화보다 조금 크게 한다.
- 매일 같은 곡을 듣는다.
  임신했을 때부터 출산 후까지 매일 들어도 지루하지 않은 곡을 한 곡 선정해둔다.
- 음악은 클래식이 가장 무난하다. 온화하고 상냥하며 당신 자신이 밝고 명랑한 기분이 될 수 있는 곡을 택하도록 한다. 록 같은 격렬한 리듬은 피하는 것이 좋다.

▶ 엄마 뱃속의 아기에게도 기억력이 있다

자궁 속에서 들었던 소리를 들으면 새근새근 잠들기 시작한다.

▶ F. 반 데 카 박사의 태아와 친해지는 방법

배를 두드리면 뱃속의 아기는 대답을 한다.

● 아기가 좋아하는 음악으로는 바하의 '프렐리우드', 브람스의
'자장가', 비발디의 '사계', 모차르트의 곡 등이 있다.

_F. 반 데 카 박사의 태아 교육법 효과

태어나기 전의 아기에게 좀더 여러 가지, 특히 말을 가르쳐주고 싶은 사람에게는 이런 방법이 있다.

캘리포니아 주 헤이워드에 사는 산부인과 의사인 F. 반 데 카 박사가 연구하고 있는 방법이다.

박사는 뱃속의 아기가 어엿한 감성을 지닌 인간이란 것을 어떻게 해서든 엄마들에게 가르쳐주고 싶었다. 그래서 그는 산부인과를 찾아온 엄마들에게 좀 진기한 것을 시험해볼 의향은 없느냐고 질문했다. 그것은 뱃속의 아기에게 이야기를 해보는 것이었다.

이 색다른 제안에 흥미를 보인 엄마들은 자기들의 목소리를 테이프에 녹음했다. '하, 하, 하' 등의 약간 기계적인 웃음소리였다. 그리고 이 테이프를 임신 말기 2개월 동안 매일 아기에게 들려주었다. 아기가 태어난 후 테이프에서 들은 엄마의 목소리를 기억하고 있는지 확인하는 것이 이 실험의 목적이었다. 그러나 실제로 어떤 결과가 나올지 박사로서도 알 수 없었다.

출산이 끝난 뒤, 박사는 뭔가 특별한 일이 있으면 곧 알려달라고 엄마들에게 부탁했다. 그리고 며칠 뒤 생후 4일째 된 아기가 매우 분명한 소리를 내고 있다고 전해왔다. '하, 하, 하'라는 소리를 낸다는 것이었다.

이 결과에 놀란 반 데 카 박사는 자기 부인이 임신했을 때에도 같은 실험을 해보았다. 그리고 생후 1주일도 지나지 않아 반 데 카

2세는 엄마가 들려준 것과 같은 웃음소리를 내기 시작했다.

그 소리는 테이프에 녹음되고 비디오에도 녹화되었다. 박사의 이 실험 이야기를 들었을 때 나는 크게 흥분했다.

"아주 근사한 발견이로군요! 무한한 가능성을 엿볼 수 있는 발견이에요. 어쩌면 아기가 자궁에 있을 때부터 말을 배울 수 있을지도 모르지 않습니까. 그런 사실을 임신한 엄마들에게도 이야기해주었나요?"

"네, 물론입니다. 실은 더 한 단계 진전시키고 있습니다. 지금은 엄마의 목소리와 동작을 연결해 아기에게 말의 의미를 가르치고 있지요."

박사가 설명해 준 새 교육법은 이런 방법이었다.

● 엄마는 "두드린다."고 말하고 가볍게 배를 두드린다.

● "쓰다듬는다."고 말하고 배를 살살 돌려가며 쓰다듬는다.

● "비튼다."고 말하고 뱃가죽을 강하지만 부드럽게 죄어준다.

이상을 임신 말기 2개월 동안 매일 되풀이했다. 뱃속의 아기에게 들리도록 가능한 한 큰 소리로 말했다.

박사는 한 엄마가 초음파 검사를 할 때, 자기의 이론이 옳았다는 것을 증명했다.

박사는 스크린에 비친 아기의 움직임을 쳐다보면서 엄마에게 "두드린다, 쓰다듬는다, 비튼다."를 말하도록 지시했다. 그러나 이 말을 아기에게 들려주는 것만 하고 직접 배를 만지지는 않게 했다. 그리고 아기는 이 네 종류의 단어에 따라 각각 그에 대해 분명히 반응하고 있다는 것이 확인되었다.

아기는 엄마가 아무 말도 하지 않고 다만 배를 두드리거나 쓰다

듣거나 했는데, 말을 하면서 그와 같이 했을 때와 같은 반응을 보였다.

반 데 카 박사는 지금도 정열적으로 이 분야의 연구를 계속하고 있다. 물론 박사의 발견을 모두 그대로 받아들일 수는 없다. 앞으로 많은 실험을 통해 입증되어야 할 부분도 있다. 그러나 그의 연구는 태아 교육에 새로운 가능성을 보여주었다고 할 수 있다.

당신도 반 데 카 박사가 권하는 것과 같이 뱃속의 아기와 사귀고 싶을 것이다. 그 방법을 소개한다.

임신 13~20주째를 맞게 되었다면 준비는 다 된 것이다. 배를 가볍게 위에서 아래로 쓰다듬어준다. 28주째까지 담당의사에게 아기의 위치를 확인시키고 반드시 아기의 머리에서 발끝 방향으로 쓰다듬는 것처럼 한다. 그런 자극은 뇌에서 몸 전체에 연결되어 있는 신경의 발육을 도와주게 된다.

반 데 카 박사는 다음과 같이 지도하고 있다.

● 배를 쓰다듬으며 "쓰다듬는다. 쓰다듬고 있어."라고 말한다.
● 배를 두드리며 "두드린다. 두드리고 있어."라고 말한다.
● 배를 살며시 죄며 "죈다. 죄고 있어."라고 말한다.

예를 들어 아기가 배를 찰 때마다 상냥하게 쓰다듬어주는 것도 좋다. 그때마다 그의 세계에 매일 같은 변화가 일어나는 것을 아기는 배워나갈 것이다.

'내가 찰 때마다 엄마는 나를 두드리고 쓰다듬으며 말해준다. 나의 힘은 굉장하다!'라고 생각할 수도 있다.

엄마에 따라서는 배를 쓰다듬거나 두드리고 있을 때 수축감이나 불쾌감을 느낄 수 있다. 그럴 때는 곧 동작을 멈추고 의사를 찾아가 진찰을 받도록 한다. 그리고 배를 두드리거나 죄거나 할 때는 되도록 부드럽게 하고 힘을 주지 않도록 한다. 물론 어떻게 만지는 것이 좋은지는 엄마가 가장 잘 알고 있을 것이다.

▶ 뇌의 성장은 생후 1년 동안이 가장 활발하다
첫돌이 될 때까지 뇌를 자극하지 않으면 만회하기 어렵다.

뇌는 생후 6개월까지가 가장 발육이 잘된다

무사히 아기를 낳았을 때, 엄마는 어떤 생각을 할까?

'아기를 빨리 안아주고 싶다.'

엄마의 머릿속에는 이런 바람 외에는 아무것도 없을 것이다. 생후 2시간은 엄마와 아기에게 있어서 특별한 의미가 있는 중요한 시간이다. 아기를 안아주지 않으면 안 되는 시간인 것이다. 엄마라면 누구나 그러한 사실을 본능적으로 알고 있다.

갓 태어난 아기는 의식이 분명하며 매우 조용하다. 그렇게 침착한 모습은 적어도 앞으로 2개월 동안 볼 수 없다.

알에서 갓 부화한 오리새끼는 태어나서 가장 먼저 본 것을 어미라고 생각한다. 그래서 설혹 그것이 들고양이라도 어미인 줄 알고 따라다닌다. 과학자 중에는 인간의 아기에게도 이와 비슷한 성질이 있다고 생각하는 사람이 많다. 아기는 태어난 직후에 몸을 맡긴 사람과 특별한 유대를 만든다는 것이다.

태어난 뒤 2시간 정도는 아기를 침대에 눕혀 놓으면 안 되며, 반드시 엄마 품에 안겨줘야 한다.

생후 2시간 동안 엄마 품에 안겨 있던 아기와 떨어져 있던 아기와는 행동에 매우 큰 차이가 있다.

침대에 눕혀 있던 아기는 침착하지 못하며, 얼굴을 자기 손으로 철썩철썩 때리거나 자기 엄지손가락을 찾거나 한다. 엄마의 젖꼭지를 대신할 것을 찾고 있는 것이다.

최근 산부인과 의사들도 이 생후 2시간의 중요함을 이해하기 시작하여 미국에서는 갓 태어난 아기를 잠시 동안 엄마에게 안겨주는 것을 필수 과정으로 여기고 있다.

▶ 초유에는 특별한 영양이 있다
생후 2시간 이내에 모유를 먹은 아기는 건강하게 자란다.

갓난아기는 언제쯤 안아주는 것이 좋을까?

무사히 출산이 끝나고 아기의 호흡이 일정해지는 대로 안아주도록 한다. 아기를 씻겨주거나 체중이나 신장을 재기 전, 탯줄을 자르기 전이라도 괜찮다.

엄마의 심장 근처에 아기를 태우고 두 손으로 안아올리도록 한다. 기다리고 기다리던 아기와의 첫 만남인 것이다. 무엇보다도 먼저 엄마의 심장 고동소리를 들려주어야 한다.

평소에 익숙하게 머물던 자궁이란 작은 방에서 갑자기 크지도 못하고 알지도 못하는 세계에 내던져졌을 때 아기는 매우 당황할 것이다.

그런 아기의 불안을 덜어주는 것이 엄마의 가슴에서 들려오는 심장의 고동소리다. 약 9개월 동안 친숙했던 이 소리는 타향에서 듣는 고향의 노래처럼 아기의 마음을 포근하게 감싸준다.

다음에는 엄마의 냄새를 맡도록 해준다.

출산이라는 큰일을 끝낸 순간이어서 엄마의 심장은 높이 뛰고 있을 것이며, 가슴으로부터는 살며시 김이 피어오르고 있을 것이다. 아기는 콧방울을 꿈틀거리며 엄마의 몸에서 냄새를 맡는 시늉을 해보일지도 모른다. 이처럼 아기가 엄마의 체취를 빨리 기억하도록 해주어야 한다.

아기에게 있어서 체취는 부모와 다른 사람들을 분간하는 데 중요한 역할을 한다. 생후 2주 정도가 되면 아기는 많은 여성 가운데서도 뚜렷하게 자기 엄마를 가려낸다. 그것은 제각기 다른 몸 냄새를 맡을 수 있기 때문이다. 이때 아기를 막연히 쳐다보고만 있어서는 안 된다. 아기의 눈을 쳐다봐주는 것이 매우 중요하다.

갓난아기는 엄마의 가슴에 코를 비벼대거나 가슴에 살며시 머리를 기대고 있을지 모른다. 이것은 아기의 의식이 뚜렷하다는 증거이다. 그런 다음, 엄마의 얼굴을 쳐다볼 것이다.

갓난아기는 엄마의 눈을 보고 싶어하고 엄마의 얼굴 생김새에도 흥미를 갖고 있다. 특히 엄마의 흰자위와 검은 눈동자가 아기의 관심을 끌게 된다.

다만 갓 태어난 아기는 15cm 이상 떨어진 것은 보지 못한다. 15cm라고 하면 엄마의 눈에서 턱끝까지이다. 만약 아기의 눈이 엄마의 얼굴에서 너무 떨어져 있으면 조금 위쪽으로 끌어올려주도록 한다.

아기를 안아주는 것도 조심스럽게 해야 한다. 엎드린 아기를 안아올리면 자연히 무릎을 자기 몸 아래로 구부리게 된다. 이것이 '태아의 포즈'이다. 갓난아기에게 있어서 가장 기분이 좋고 몸이 따뜻해지는 자세이다.

등이 식지 않도록 엄마가 손을 얹는 것처럼 안아올려주도록 한다. 머리도 가볍게 지탱해주어 아기가 주위를 둘러보려고 할 때 머리가 뒤로 젖혀지지 않도록 주의해야 한다.

아기의 몸은 엄마의 피부와 직접 맞닿는 것에 의해 살며시 자극을 받는다. 아기가 엄마에게 코를 비벼대는 것은 안정감을 갖기 시작한 증거이며, 엄마의 목소리를 들을 준비가 갖추어지고 있는 징표이다.

아기에게 목소리를 들려주고 싶으면 분만실 안의 금속성 소리와 섞이지 않도록 주의하며 말을 하도록 한다.

이때 음악은 필요없다. 갓난아기에게는 모차르트 음악보다도 엄마의 목소리를 들려주는 것이 중요하다. 감미롭고 온화한 말씨는 아기의 흥미를 끌어 미지의 세계에 내던져진 긴장감을 덜어주게 된다.

또한 아기의 이름을 불러보는 것도 좋다. 기분이 어떤지 물어보고, 눈을 뜨고 엄마를 쳐다보라고 이야기해본다. 방안의 빛이 너무 눈부시다고 생각되면 손바닥으로 가려 아기가 눈을 뜨기 쉽게 해준다. 특히 아기의 이름을 되풀이하여 불러주도록 한다.

"샛별아, 엄마 여기 있다. 보이니? 여기야 샛별아. 자, 봐라. 그래 그래!"

그러면 아기는 그저 멍하니 있을지도 모른다. 그렇지만 아기의 표정과 상관없이 자꾸 말을 거는 것이 좋다.

갓난아기는 기분도 감정도 없는 우둔한 생물이 아니며, 당신과 같은 사람이다. 말씨의 높낮이에서 당신의 애정을 읽어낼 수 있으며 이미 훌륭한 한 사람의 인간인 것이다. 그리고 자기에게 상냥하게 대해주는 사람이 있다는 것을 알고 매우 즐거워한다.

_빨기의 놀라운 효과

만약 출산이 무사히 끝나고 아기가 건강하다면 적어도 2시간 동안 아기를 안아주어도 아무런 지장이 없다. 아기의 몸이 식지 않도록 등을 따뜻하게 해주는 히터를 침대 곁에 갖다 놓도록 한다. 그런 다음, 아기를 쓰다듬어즐 생각이 나면 망설일 필요가 없다. 부드럽게 쓰다듬어주도록 하자.

이마에서 목 쪽으로 6~8회, 머리에서 발끝으로, 몸의 증심에서 손과 발끝으로 쓰다듬어 가도록 한다.

쓰다듬는 것은 1분에 12~16회 정도가 적당하다. 그러는 동안 아기의 호흡은 깊고 안정되어간다. 그와 동시에 아기의 창자도 자극을 받게 된다. 아기가 갑자기 배설을 해도 놀라지 말기 바란다. 이것은 매우 정상적인 것이며 바람직한 현상이다.

만약 아기가 당신 곁에 있다면 손을 움직이고 있을 수도 있다. 손가락을 펴거나 느슨히 힘을 빼기도 할 것이다. 손가락을 빨고 싶어하는 것이다.

양수에 잠겨 있을 때는 쉽사리 손가락을 입까지 가져갈 수 있었지만 지금은 중력이 있어서 약간 힘들지도 모른다. 만약 잘 되지 않아 애를 쓰면 손을 잡아 입 근처로 가져가도록 도와준다.

갓 태어난 아기는 되도록 빨리 빨기를 시작하는 것이 좋다. 빠는 버릇을 들이고 싶지 않다면 생후 6개월까지 마음껏 빨게 해주어야 한다. 그 뒤부터 아기는 손가락을 빨지 않게 된다.

아기는 빠는 것을 몹시 좋아한다. 그렇게 하면 기분이 좋아지므로 조용하게 놀게 된다. 호흡도 깊어지고 침착해진다. 그리고 빠는 것은 턱이나 뺨의 근육을 발달시켜 준다.

다음은 첫 수유이다. 아기에게는 생후 2시간 이내에 젖을 먹여주어야 한다. 이때 분비되는 첫 모유는 그 이후의 모유에 비해 항체나 영양가가 매우 높다.

아기의 건강이나 영양을 도울 뿐만 아니라, 이때 젖을 먹여주는 데서 엄마와 아기 사이에 정이 깊어진다.

엄마의 젖에 달라붙어 빨고 있을 때 아기의 오감은 여러 가지 즐거운 자극에 감싸이게 된다. 모유의 맛과 냄새, 안아주는 엄마의 팔의 감촉, 엄마의 눈이나 얼굴, 상냥하게 흔들어주는 움직임. 그런 모든 것이 아기에게는 큰 기쁨이 된다. 그런 만큼 젖을 먹일 때는 가능한 한 상냥하고 따뜻하게 감싸주어야 한다.

"빨리 먹어라, 엄마는 바쁘니까."

그런 젖먹이 방법은 매우 나쁘다. 또한 갓난아기에게 우윳병을 건네주어 혼자 먹게 하는 것은 더욱 안 좋은 방법이다.

쉽게 기르려는 엄마에게는 반드시 좋지 않은 결과가 따르기 마련이다. 모유를 먹고 자란 8살 난 어린이 1,291명과 분유를 먹고 자란 8살 난 어린이 1,133명을 비교 조사한 결과, 모유를 먹고 자란 어린이들에게서 이해력과 독해력이 훨씬 우수하게 나타났다.

또한 프랑스의 소아과 의사 프레드릭 레보야 박사에 따르면 태어난 지 얼마 안 된 아기를 38도 정도의 목욕물에 넣어주던 양수 속에서와 같은 쾌활함을 보인다고 한다.

확실히 아기들은 목욕할 때 매우 좋아한다. 목욕물에 잠기면 차츰 긴장이 풀려 눈을 반짝이고 살갗이 장미빛으로 바뀐다. 그러나 적어도 5분 동안은 엄마의 가슴에 안아준 다음에 목욕을 시작하는 것이 좋다.

목욕이 끝나면 수건을 가지고 '태아의 포즈'로 꼭 싸주도록 한다. 그러면 아기는 자궁 안에 있을 때와 같은 안도감을 느껴서 편안한 마음을 갖게 된다.

아기의 머리에서는 체온이 발산된다. 이때 준비해둔 모자를 씌워주도록 한다. 생후 24시간, 즉 체온이 일정해질 때까지 계속 씌워주는데, 이것은 아기가 침착해지는 효과를 가져온다.

모자를 귀까지 씌워주면 분만실의 귀에 거슬리는 금속성 소리도 막을 수 있어서 좋다.

출산 때에는 엄마의 의견을 의사에게 자꾸 전할 필요가 있다. 그러면 정확한 충고를 해줄 것이다. 또한 여러 가지 의미에서 출산 전에는 담당 의사와 세세한 사항까지 상의해두는 것이 좋다.

_무엇과도 바꿀 수 없는 출산 후 2일

아기가 태어나서 처음 2일 동안은 엄마와 아기 사이에 착실한 유대를 만들어야 한다.

그동안 엄마와 함께 있는 것만으로도 아기의 오감은 여러 가지 자극에 완전히 둘러싸이게 되는데, 아직 자기 스스로 놀 수가 없기 때문에 엄마가 정답게 놀아주어야 한다.

우선 젖먹이기 15분 전에 간호사에게 미리 아기를 데려다달라고 부탁한다. 아기가 잠에서 깨어나 정신이 또렷하고 조용히 놀고 있을 확률이 제일 높은 시간(긴장을 풀고 있어 가장 많은 것을 배울 수 있음)은 젖을 주기 15분 전과 준 다음 10분 동안이기 때문이다.

준비가 다 갖추어졌으면 다시 한 번 아기의 모습을 자세히 살펴보도록 한다. 분명히 잠에서 깨어나 조용히 하고 있는지 확인한다. 그리고 엄마가 해주려고 하는 것을 기꺼이 받아들일 준비가 되어 있는지 살펴본다.

아기에게 그런 준비가 되어 있지 않다면 공연한 자극은 오히려 아기를 불안하고 초조하게 만들 뿐이다.

지금부터 설명하는 방법에 따라 아기의 상태를 충분히 살펴보면서 시작한다.

맨 먼저 아기의 위치를 바꾸어준다. 누워 있으면 엎드리게 하고, 엎드려 있으면 눕게 한다. 이때 아기의 몸 빛깔이 어떻게 바뀌는지 주의해서 보기 바란다.

아주 간단히 위치를 바꾸는 것만으로 몸의 빛깔이 분홍빛이나 푸른빛으로 바뀐다면 자극을 받아들일 상태가 아니다. 자율신경(심장의 고동이나 호흡 등의 기능을 관리하고 있는 신경)이 새로운 환경에 순응할 수 없는 것이다. 이때는 엄마가 해주는 조그만 자극도 아기에게는 심한 자극이 된다.

갓난아기의 몸 빛깔은 30초도 되지 않아 처음 상태로 돌아올 것이다. 하지만 쓰다듬거나 노래를 부르거나 말을 걸지 말고 조용히 있게 해준다.

만약 아기의 몸 빛깔이 변하지 않으면 두번째 단계로 들어간다.

두번째 단계는 엄마의 손을 아기의 배나 허벅지 위에 놓아본다.

몸이 닿은 부분의 색깔이 변하거나 얼굴을 찡그리고 손발을 타닥거리며 움직이기 시작하면 역시 그 이상의 자극은 받아들일 수 없다는 뜻이다. 그런 날은 거기에서 멈추도록 한다.

세번째 단계는 배 위에 손을 놓아둔 채 시작한다.

아기의 얼굴 앞에 엄마의 얼굴을 내밀어 정면에서 쳐다본다. 그러나 말을 걸지는 않도록 한다. 아기가 싫어하거나 불쾌감을 나타내지 않는지 살펴본다.

네번째 단계는 아기의 배나 허벅지에 놓아둔 손을 쓰다듬듯이 움직여준다.

이때 아기의 손발의 움직임을 주의해서 살펴보면 갑자기 튀어

오르는 듯한 움직임이 보일지도 모른다. 하지만 이것은 환경의 변화를 알아차린 정상적인 반응이며 동요나 흥분의 표시가 아니다. 쓰다듬는 것을 중단하고 30초 동안 아무것도 하지 말고 기다려보기 바란다.

아기가 긴장을 풀고 있는 것 같으면 계속 쓰다듬어주어도 상관없다. 그러나 손발의 움직임이 계속 심해지면 자극을 주는 것을 그만두어야 한다. 천천히 손을 떼고 얼굴을 멀리 해준다.

네 단계를 모두 하고 난 뒤에도 계속 긴장을 풀고 있으면 다음에 다섯번째 단계로 들어가 천천히 신중하게 말을 걸어본다. 30~60초 동안 아기의 이름을 부드러운 목소리로 되풀이해 불러본다.

지금까지 해온 것처럼 너무 자극이 지나치지 않은지 계속 관찰한다. 몸의 빛깔, 손발의 움직임, 얼굴 표정에 변화는 없는지, 호흡이 너무 깊고 지나치게 빠르지 않은지 주의한다.

이 단계도 통과하면 아기의 신경조직은 IS법을 받아들일 준비가 되어 있는 것이다

마지막 여섯번째 단계는 말을 걸거나 쓰다듬는 등 나중에 가해진 자극에서 차례대로 하나씩 천천히 자극을 제거해간다. 그런 다음 아기를 엄마의 무릎 위에 등을 곧게 펴게 해서 앉게 한다. 드디어 IS법을 시작할 수 있다.

생후 1, 2일째의 갓난아기는 아주 궁금해하는 것이 있다. 당신이 도대체 어떤 사람인가 하는 것이다. 아기는 자신의 오감을 모두 동원해 당신의 정체를 알아보려 한다.

이때 "아가야, 내가 엄마란다." 하고 아기에게 자기 소개를 하는 것이 좋다.

그 방법을 지금부터 이야기하도록 하겠다. 어쨌든 엄마가 다른 사람들과는 전혀 다른 특별한 사람이라는 것을 빨리 알아차리게 해주어야 한다. 그렇게 하면 두 사람의 관계는 훨씬 더 깊어진다.

요령은 조금씩 당신의 취향을 살리면서 아기의 감성을 자극해 주는 것이다.

엄마는 처음 자신의 아기를 보면, 감격한 나머지 쳐다보고만 있어도 지치지 않는다.

아기에게는 아직 엄마 얼굴이 보이지 않는다고 생각하기 쉽다. 하지만 아니다, 갓난아기에게도 엄마의 모습이 보이므로 서로의 눈길을 키워 나갈 기회가 된다.

엄마의 따사로운 눈길은 그 속에 애정을 간직하고 있다. 아기도 그것을 읽어낼 수 있을 것이다. 하지만 아기는 엄마의 눈을 좀처럼 찾을 수 없을지도 모른다. 그러므로 엄마 자신이 찬찬히 들여다보아 찾기 쉽게 해주어야 한다.

엄마의 입이나 턱의 어두운 그림자에 흥미를 가지고 그것만 보고 있는 아기도 있다. 그런 아기에게는 조금씩 시선을 올리게 해서 엄마의 코와 눈을 쳐다보도록 한다. 미리 방을 어두컴컴하게 하여 눈이 부시지 않게 해두는 것이 좋다.

엄마의 눈을 쳐다보게 하는 훈련에는 물방울 무늬를 사용하는 것이 효과적이다.

아기를 무릎 위에 안고 흰 종이에 까만 잉크로 그린 지름 6cm의 물방울 무늬를 보여주도록 한다.

▶ 갓난아기는 엄마의 얼굴을 보고 싶어한다

지름 6cm의 물방울 무늬는 뇌의 발육을 촉진시킨다.

▶ 무조건 청결하기만 한 것은 좋지 않다

엄마의 냄새가 나는 스카프는 성격이 원만한 아이로 자라게 해준다.

물방울 무늬는 아기의 눈으르부터 25~35cm 이내로 가져가 오른쪽 눈이 있는 곳에서 보여주도록 하는데, 이 무늬는 동그란 모양에 초점을 맞추는 연습대로서 가장 적당하다.

그와 같이 하여 아이스캔디처럼 막대기 끝에 사랑스러은 얼굴 그림이 붙은 '팝시클 페이스'도 보여주도록 하자. 얼굴에는 눈이나 코, 그리고 입이 있다는 것을 가르쳐줌으로써 엄마의 얼굴을 보는 데 저항을 느끼지 않게 된다. 엄마의 얼굴은 아기를 웃게 하는 즐거운 장난감 중의 하나이다.

_갓 태어난 아기는 무엇에 흥미를 느낄까?

아기는 태어나서 처음 며칠 동안 엄마의 목소리에 대단한 흥미를 가지게 된다. 이때 다음과 같은 것에 주의하여 이야기를 걸어 보도록 한다.

- 먼저 아기의 이름을 세 번 불러본다. 아기에게 자기 이름을 가르쳐주기 위해서다.
- 당신이 아기의 엄마(또는 아빠)라는 것을 전달한다.
- 생후 1년 동안 계속 노래해도 싫증 나지 않을 것 같은 동요를 3곡쯤 골라두고 그 가운데 한 곡을 불러준다. 되풀이되는 소절이 많은 긴 노래가 좋다.
- 아기의 살갗을 정답게 쓰다듬는 것도 엄마의 애정을 전하는 좋은 방법이다.
- 아기를 들어올릴 때는 언제나 이마에서 목 쪽으로, 머리에서 발끝 쪽으로 각각 10번씩 쓰다듬도록 한다. 그렇게 함으로써 아기의 근육을 풀어주고 지금부터 엄마가 놀아준다는 것을 아

기에게 알려주는 신호도 된다.

- 아기를 안아주는 방법을 정해둔다. 오른쪽 가슴에 안아줄 것인지 왼쪽 가슴에 안아줄 것인지는 엄마의 취향에 따라 다르겠지만, 한 번 위치를 정하면 늘 같은 모습으로 안아준다. 대개 갓난아기는 엄마의 심장 고동소리가 들리는 왼쪽 가슴에 안아주는 것이 쉽게 안정된다.
- 여러 가지 물건에 손을 대주도록 한다.

  태어나기 전에 아기가 느낄 수 있는 것은 양수, 수분뿐이었다. 처음 접촉할 수 있는 살결이나 갖가지 헝겊들의 감촉을 즐길 수 있게 해준다.
- 엄마와 접촉할 기회를 주도록 한다.

  엄마의 목에 코를 비벼댈 수 있게 해준다. 엄마의 피부 감촉과 몸의 체취가 아기를 기분좋게 한다.

  갓난아기의 후각은 충분히 발달되어 있다. 엄마의 체취를 기억시키기 위해 아기의 코를 이용하도록 하라. 아기도 엄마의 냄새를 맡고 싶어한다.
- 이틀 정도 몸에 지니고 있던 세탁하지 않은 스카프를 자고 있는 아기 곁에 놓아둔다. 엄마는 그동안에 다른 스카프를 두르고 있으면 이틀에 한 번씩 스카프를 바꿔줄 수 있다. 아기의 목에 감기거나 질식시키는 일이 없도록 안전한 곳에 놓아두어야 한다.
- 병원에서 집으로 돌아가면 처음 한 달 동안은 아기를 엄마 곁에 재운다.
- 젖을 먹이기 전에 코튼 볼이나 패드에 모유를 몇 방울 떨어뜨

려 아기에게 냄새를 맡게 해준다. 아기는 스스로 엄마의 젖꼭지에 달라붙게 될지도 모른다.

아기가 모유에 흥미를 보이지 않는 경우도 있다. 이런 아기라도 식사를 하지 않을 수는 없다.

누구든 매우 좋아하는 것을 보고 냄새를 맡으면 그 맛을 생각해내 자연히 군침을 흘리게 된다. 다음과 같이 하여 아기가 모유를 즐길 수 있도록 해보자.

● 먼저 아기에게 엄마의 젖꼭지를 내밀어 모유 냄새를 맡게 해준다.

● 생후 2주 정도는 젖을 먹이면서 말을 걸지 않는다.

아기는 아직 젖을 빠는 의미를 알지 못한다. 이유도 모른 채 젖꼭지에 달라붙어 빠는 것이다. 젖보다는 엄마의 목소리에 흥미를 느끼고 있어서 말을 하면 금방 빠는 것을 잊고 만다.

_성장 과정 체크법

아기가 처음 혼자 앉을 수 있게 되고, 기기도 하고, 서기도 하며 걸을 수도 있게 되었다. 또 '엄마'라고 말할 수도 있고, 숟가락도 쥐게 되었다. 엄마와 아빠는 기쁘기 한이 없는 일이다.

이제까지의 엄마와 아빠들은 아기의 성장이나 발육 정도를 이와 같은 극적인 사건으로 평가해왔다. 하지만 이러한 큰 일은 언뜻 보기에는 아무것도 아닌 성장의 축적을 통해 비로소 가능한 것이다.

천리 길도 한 걸음부터이다. 아기의 조그마한 성장을 여기에서는 '성장의 이정표(체크)'로 부르기로 한다.

이 사소한 성장을 확인하는 것은 큰 성장과 다를 바 없는 기쁨과 흥분을 부모에게 부여해준다.

매주 아기가 착실히 성장을 계속하고 있는지 정확히 확인할 수 있다면, 엄마가 그 성장을 도와주고 있다는 것을 실감할 수 있을 것이다.

물론 아기의 모든 성장 과정을 쭉 적어놓을 필요는 없다. 특별히 중요한 성장의 표시만을 해두면 된다.

예전의 엄마와 아빠들은 대개 그 중요성을 모르는 경우가 많았다. 하지만 지금은 다르다.

_생후 2, 3일의 '성장의 이정표'

- 안기는 법이나 안아주는 사람에 따라 자세나 태도를 조절하게 된다. 예를 들어 아빠에게 안겼을 때와 다른 사람에게 안겼을 때 상대의 몸에 코를 비벼대는 짓이 다를 수 있다.
- 짧은 순간이지만 자연스럽게 웃는 얼굴을 볼 수 있다.
- 손은 굳게 쥔 채로 있으며, 1개월쯤 지나면 손을 움직이거나 손가락 펴는 방법을 익히게 된다.
- 손에 뭔가 놓이면 그것을 꽉 거머쥔다. 뭔가가 아기의 손등을 스친 정도로는 쥐려고 하지 않는다. 엄마의 손가락을 아기의 손에 놓았을 때 얼마큼의 힘으로 쥐는지 확인해보기 바란다. 이 단계에서는 반사적으로 쥐고 있는 것이지만, 되풀이해서 연습시키면 의식적으로 물건을 쥐는 방법을 익히게 된다.
- 안아올리면 침착해지고 조용해진다. 엄마 품이 아기에게 있어서 매우 중요한 장소라는 것을 이해하기 시작한 증거이다.

- 안아올렸을 때 아기의 머리가 엄마의 어깨에 기대온다. 2주일 쯤 지나면 아기는 목이나 어깨의 근육을 이용해 자기 머리를 들어올려 지탱할 수 있게 된다. 주의를 기울여보기 바란다.
- 엎드려 재울 때 머리를 좌우로 움직이곤 하지만, 위로 들어올리지는 못한다.
- 똑같이 엎드린 자세에서 다리를 몸 아래로 굽히고 있어 엉덩이가 머리보다 높게 된다.

IS법은 불안감을 쾌감으로 바꾸어준다

_일상생활의 기본 약속

자, 기다리고 기다리던 아기와의 생활이 시작되었다.

맨 먼저 해야 할 일은 엄마와 아기의 생활 계획표를 짜는 일이다. 물론 여기서 말하는 계획표란 시간표와는 다르다. 갓난아기이지만, 성의를 갖고 임해야 한다.

중요한 것은 엄마가 매일 똑같은 일을 해주고 언제나 같은 태도로 대해주어야 한다는 것이다. 어제는 모든 것을 도맡아 해준 엄마가 오늘은 아무것도 해주지 않는 식의 태도는 아기에게 가장 나쁘다.

갓 태어난 아기를 계획에 따라 생활하게 하는 것은 무리이므로 아기의 반응을 자세히 살펴 수정해주도록 한다.

- 아기가 울어대기 시작하면 가능한 한 빨리 달려가 그 원인을 찾아내어 제거해준다.
- 아기가 배가 고플 때는 언제든지 젖을 먹인다.

- 기저귀는 시간에 맞춰 갈아준다.
- 아기를 상대해줄 때는 언제나 같은 말로 불러주는 것부터 시작한다('샛별아, 안녕?' '귀여운 샛별아, 엄마다' 등).
- 아기에게 말을 걸 때는 언제나 같은 목소리, 같은 모습으로 상냥하게 말한다.
- 아침, 점심, 저녁에 젖을 먹이기 전과 먹인 뒤의 5분 동안 IS법으로 놀아준다.
- 집안 일을 하면서 틈틈이 정답게 말을 걸어준다.
- 아기에게 차분하게 이야기해줄 수 있는 시간을 마련한다. 그때는 똑바로 눈을 마주보며 이야기한다.
- 낮잠 자는 시간을 만들어준다.
- 엄마의 편리함보다는 아기의 필요성을 먼저 생각한다.

위와 같은 것들이 별로 중요하지 않은 것처럼 보이지만, 여기에는 엄마와 아기에게 있어서 매우 중요한 요소가 듬뿍 담겨져 있다. 이렇게 강조하는 까닭은 이 약속들이 아기에게 있어서나 엄마에게 있어서 매우 좋은 일이기 때문이다.

계획표가 잘 지켜질 때 미치는 첫번째 큰 효과는 엄마가 조금은 편해진다는 것이다.

출산이라는 커다란 일을 마친 지 얼마 되지 않은 엄마는 자신이 생각하고 있는 것 이상으로 지쳐 있다. 게다가 앞으로 닥쳐올 생활은 마음과 몸을 지치게 만드는 것들뿐이다. 또한 아기의 뱃속은 아주 작아 자주 젖을 먹이지 않으면 안 되므로 배가 고프면 밤낮을 가리지 않고 울며 보챌 것이다.

아기가 조용히 자고 있을 때는 세탁, 식사 준비, 기타 여러 가지 집안 일이 많다. 그것뿐만이 아니다. 엄마의 몸 속에도 변화가 일어난다. 임신 중에 불어났던 호르몬이 줄어들지만, 늘어나는 호르몬도 있다. 그렇기 때문에 감정의 기복이 심하고 그에 따라 피로도 한층 더 크게 느끼게 된다.

이 시기에 결단을 내려 충분한 휴식을 취하는 것도 엄마의 중요한 임무 가운데 하나이다. 엄마 스스로가 즐거운 시간을 갖도록 노력해야 한다.

전화로 오랫동안 이야기를 하거나, 텔레비전을 보거나, 책을 읽거나, 느긋하게 목욕을 하고 낮잠을 자는 등 하고 싶은 것을 하루에 최소한 한 가지는 해보도록 한다.

그러기 위해서는 아기와의 생활 계획표를 어느 정도 굳혀두는 것이 필요하다. 하루 종일 아기에게 매달려 있게 되면 엄마를 위한 시간은 만들 수 없기 때문이다.

계획표가 잘 지켜질 때의 두번째 효과는 아기의 성격이 좋아지게 된다.

아기는 익숙해진 자궁으로부터 갑자기 바깥 세계로 내보내졌으므로 아직 많은 불안을 느끼고 있다. 그 불안을 제거해주며 시중을 들어주는 것이 엄마의 존재이다.

무엇보다도 중요한 것은 언제나 아기의 기대를 배반하지 않는 엄마가 되는 것이다.

예를 들어, 울 때는 반드시 곧 말을 하며 젖을 준다든지 기저귀를 갈아주면 아기는 이러한 일의 순서를 이해하게 된다.

▶ 갓난아기는 엄마의 말을 기다리고 있다

단 몇 분이라도 아기와 대화를 단절하면 좋지 않다.

▶ 엄마의 존재가 아기의 성경 형성을 좌우한다.

명랑한 아이가 되느냐, 아니냐는 엄마의 말씨에 달려 있다.

아기는 다음과 같이 생각한다.

내가 운다→엄마가 온다→엄마가 나를 안아올린다→젖을 먹여준다→기저귀를 갈아준다→달래준다→나를 잠자리에 내려놓는다.

아기는 다음에도 엄마가 같은 일을 해줄 것으로 기대한다. 그리고 그 예상이 어긋나지 않으면 불안해하거나 초조해하지 않는다.

반대로 기대를 계속 저버리며 자란 아기는 성내기 쉽고, 제멋대로이며 협조성이 없는 아이가 되기 쉽다.

계획표가 잘 짜여져 젖먹는 시간, 휴식 시간, 노는 시간이 하루에 대개 같은 시간으로 되풀이되면 아기는 세상을 사는 방법 같은 것을 어렴풋이 이해하기 시작한다.

다음에 대개 무엇이 일어날지 짐작할 수 있게 되면 안심할 수 있고, 침착하게 노는 시간을 기다리는 참을성이 강한 아이가 된다.

세번째 효과는 아기의 머리가 좋아진다는 것이다.

조금이라도 빨리 아기의 불안감을 제거해주면 그만큼 아기의 두뇌 발달에 도움이 된다.

예를 들어, 당신이 미지의 나라를 여행하게 되었다고 가정해보라. 밝은 태양, 친절하고 쾌활한 사람들, 즐겁고 어깨가 으쓱해지는 곳이라면 자연히 그 나라에 대해 자꾸만 흥미가 솟아오를 것이다.

'맛있는 음식을 파는 레스토랑은 어디 없을까? 값싸게 손에 넣을 수 있는 민예품도 있겠지? 명소와 유적지도 봐야겠다.'

어쨌든 보고 듣는 것들을 계속 흡수할 것이다.

이번에는 다른 장소를 상상해 보기로 한다.

어두컴컴하고 지저분한 거리, 시선이 냉정한 사람들, 전혀 알아들을 수 없는 언어 때문에 마음은 불안하기 짝이 없다. 자기의 몸을 도사리는 데 신경이 곤두서 있다. 도저히 주위를 둘러보며 즐길 수가 없다.

갓 태어난 아기도 이와 같은 기분이다. 이것을 가능한 한 빨리 즐거운 여행으로 바꾸어주지 않으면 안 된다.

아무리 IS법으로 바람직한 자극을 준다 해도 아기가 불안하게 마음을 닫고 있으면 만족한 효과를 얻을 수 없기 때문이다.

_아기는 시끄러운 곳에서 더 잘 잔다

아기의 생활 계획표를 성공시키는 데는 약간의 요령이 필요하다. 먼저, 아기가 시간에 맞춰 알맞게 잘 자야 한다.

매일 변덕스럽게 아무 때나 자고 일어나거나 보채며 울기만 하면 하루의 계획을 세울 수가 없다.

생후 1개월째의 아기는 하루의 50~75% 정도를 잔다. 아기가 일어나고 자는 시간에 맞추어 계획을 세워야 하지만, 잘 잘 수 있는 방법도 알아두어야 한다. 잘하려고 하지만, 실제로는 아기의 수면을 방해하고 있는 경우도 많기 때문이다.

대개는 어둡고 조용한 장소가 제일 잠들기 쉽다고 생각하겠지만, 갓난아기의 경우는 크게 다르다.

아기가 사는 데 익숙했던 자궁은 약간은 빛도 들어오고 상당히 소란스러운 장소였다. 그렇기 때문에 태어난 지 얼마 안 되는 아기는 가족들이 보통 생활하고 있는 약간 시끄러운 방이 실은 잠들기 쉬운 곳이다.

아기를 밖으로 데리고 나오거나 장보러 가는 유모차 속에서 정신없이 자는 것도 그런 이유 때문이다.

"아기가 자고 있으니까 조용히 해."

이렇게 말하는 사람은 엄마 자격이 없다. 물론 너무 시끄러워도 안 되지만 사소한 소리에 신경을 곤두세울 필요는 없다. 아기를 안아올려 가볍게 흔들어주거나 자장가를 불러주거나 하는 것이 아기에게 기분 좋은 자극을 주어 잠을 재우는 데 효과적이다.

생후 6개월 정도까지의 아기는 자궁 안과 같은 환경을 만들어주면 침착해진다. 다만 그 이후가 되면 아기도 생활에 좀더 익숙해지므로 조용하고 어두운 곳에 재우도록 한다.

한마디로 요약하면 아기가 지금까지 살아온 엄마의 자궁 속에 있다고 생각하면 된다. 그러므로 심장의 고동소리를 녹음한 테이프를 들려주면 효과적이다.

또한 임신 중에 여러 가지 이야기를 아기에게 들려주던 엄마는 이제부터가 즐거움이다. 클래식 음악, 자장가, 이야기, 그리고 '메시지 테이프'의 엄마 목소리, 이런 것들이 아기를 침착하게 해주는 데 마음 든든한 자기편이 되어 줄 것이다.

아기 침대나 유모차 안에 아기의 친구가 될 만한 장난감을 하나 넣어주면 아기는 안심한다. 예를 들면 희고 검은 팬더 인형 따위가 좋다. 가볍고, 작고, 보드라운 것으로 아기가 꼭 껴안을 수 있는 것을 택해주도록 한다.

마지막에는 언제나 "잘 자라."와 같은 말을 해준다. 그 말을 들었을 때는 잘 시간이란 것을 아기 스스로 알 수 있도록 버릇을 들여주는 것이 좋다.

_아빠의 육아 스케줄

생후 1개월 동안은 아기의 시중을 들어줄 사람을 최고 3명까지로 한정해두는 것이 좋다. 예를 들어 엄마와 아빠, 그리고 할머니나 할아버지 가운데서 선택한다. 이 사람들이 아기와 특별한 관계가 있다고 가르쳐주기 위해서이다.

아기가 혼란을 일으키지 않도록 하기 위해서도 아기가 좀더 자랄 때까지 기다리도록 한다.

엄마의 역할은 이미 이야기했으므로 아빠에 대해서도 약간 언급해두겠다.

아기는 겨우 생후 2주 동안에 남성과 여성을 구별할 수 있다고 보고된 자료도 있지만, 그만큼 남성은 아기를 달래는 방법이 여성과 다르다.

여성은 이야기를 해주거나 노래를 부르고 얼굴을 들여다보는 식의 조용하고 안정된 달래기 방법을 좋아한다. 그러나 남성은 훨씬 적극적이어서 안아올리면서 동시에 흔들어주는 여러 가지 것을 혼합하는 경향이 있다.

이 남녀의 두 가지 방법은 서로 부족한 곳을 보완해주기 때문에 아기에게 즐거운 자극이 된다. 그러므로 아빠와 아기와 함께 놀아주는 계획표를 정하여 적극적으로 달래주는 것이 좋다.

예를 들어, 매일 아침 식사 전에 잠옷의 가슴을 열어 젖히고 맨가슴 위에 아기를 안아올리는 것도 좋다.

밤에 자기 전에는 흔들의자에 앉아 아기에게 이야기를 해주는 것도 좋다. 신문을 읽어준다거나 우스운 얼굴을 만들어 보이거나 술래잡기 흉내를 내는 것도 좋다.

꼭 껴안고 귀여워해 주거나, 뽀뽀를 하거나 뺨을 비벼대는 것도 좋은 자극이 되며 그 밖에 아기에게 즐거운 방법이라면 무엇이든 상관없다.

달래는 방법도 남자와 여자의 방법은 미묘하게 달라 아기에게 는 신선하게 느껴진다.

가장 중요한 것은 계획을 세우고 하루도 거르지 말아야 한다는 것이다. 놀아주는 날도 있고 그렇지 않은 날도 있으면 곤란하다.

아기와의 생활 계획은 잘 진행되어가고 있는가?

아기의 불안감이 많이 줄어든 것 같으면 다음 단계로 넘어간다.

'아기의 오감을 자극하여 의식이 분명한 시간을 연장해준다.'

이것이 지금부터의 최대 목적이다. 의식이 분명하고 안정되어 있는 시간이 길어지면 그만큼 주위에 관심을 갖게 되고 많은 것을 배우게 된다. 아기를 여러 가지로 자극해줄 때는 이것을 언제나 기억해두어야 한다.

지루한 하루하루는 뇌의 성장에 큰 적이 된다. 어른도 멍청한 나날을 보내면 뇌가 녹슬어버리는 것처럼, 아기의 뇌를 발달시키 기 위해서는 적당한 자극이 필요하다.

이 시기의 아기에게 있어서 무엇이 좋은 자극인지, 어느 정도가 적당한지 예를 들어가며 설명해보겠다.

먼저 자신도 모르게 늘 아기에게 해주고 싶은 놀이(자극)가 있다. 일단 이것을 '갓난아기 트레이닝'이라 부르기로 한다. 트레이닝 이라고 하기에는 너무 간단하게 생각되는 것도 있지만 확실히 아기의 성장을 도와준다.

_쓰다듬는 것만으로도 아기의 느낌은 달라진다

● 아기의 의식을 또렷하게 해주는 피부에 의한 트레이닝을 해 보자.

아기의 손에 신중하게 장난감을 쥐어준다.

무엇인가에 닿았을 때 아기는 무의식중에 그것을 쥐게 된다. 이 반사적인 동작을 의식적으로 할 수 있도록 연습시킨다.

물론 처음부터 잘될 리는 없다. 쥐려고 한 것을 몇 번씩 떨어뜨리고 말 것이다. 그래도 연습하고 있는 동안 근육의 움직임이 차츰 조화를 이루어 자유롭게 장난감을 쥐거나 놓거나 할 수 있게 된다.

이때 사용하는 장난감으로는 수건이나 천을 둥글게 말아 양끝에 방울을 달고 끈으로 졸라괜 것이 알맞다. 이런 장난감은 보송보송하고 보드랍고 기분 좋은 소리를 내며 가벼워서 아기들의 피부에도 부담이 가지 않는다. 다만 이것을 아기에게 건네준 채 혼자 놀게 하지 않도록 한다. 방울을 비틀어 뜯어내 삼켜버릴지도 모르기 때문이다.

● 아기의 몸을 자주 쓰다듬는다.

쓰다듬는 것은 상상할 수 없을 만큼 아기의 성장을 도와준다. 대부분의 엄마들은 의식적이든 무의식적이든 상당히 많이 아기를 쓰다듬고 있다.

그런데 내가 행한 한 실험에서는 평소보다 엄마들에게 하루에 40분씩 더 많이 쓰다듬는 시간을 갖도록 했다. 그 결과, 아기들은 표준보다 체중이 더 증가하고 운동신경도 빨리 발달한다는 것을 알 수 있었다.

쓰다듬어줌으로써 아기의 몸 속에 에너지 양이 불어나게 되고, 이것이 아기의 성장을 도와주게 된다.

다만 쓰다듬는 방법에도 효과 있는 쓰다듬기와 아기가 싫증을 느끼는 쓰다듬기가 있다. 그러므로 아기를 쑥쑥 자라게 하는 효과적인 쓰다듬기를 익히는 것이 좋다. 이때 쓰다듬는 방향도 매우 중요하다.

이마→후두부→목덜미 순이 아기를 안정시키는 데 효과적인 쓰다듬기 방법이다. 아기를 돌봐줄 때는 먼저 안아올려 이 방식으로 쓰다듬도록 한다. '엄마가 곁에 있으니 아무런 걱정도 없단다. 엄마랑 함께 놀자' 하는 것을 아기에게 가르치는 메시지로 삼기 위해서이다.

머리→발끝→가슴의 중심→손가락 순으로 쓰다듬는 방법은 아기를 안심시키고 긴장을 풀게 하여 신경의 성장을 돕는다. 아기의 신경은 이 방향을 향해 성장하고 있기 때문이다. 아무런 이유도 없이 아기가 떼를 쓸 때 이렇게 쓰다듬으면 곧 조용해진다. 특히 아기가 보채며 우는 시간대인 오후 4시~6시 사이에는 큰 효과가 있다.

쓰다듬을 때 힘을 넣는 정도도 중요하다. 지나치게 가볍게 쓰다듬는 것은 간지럽고 기분이 나쁘다.

정다우면서도 적당히 힘이 들어가 있는 손놀림이 좋다. 아기의 모습을 살피면서 힘을 조절하도록 한다.

쓰다듬는 횟수는 1분에 12번~16번 정도가 적당하다. 이것은 임산부가 숨을 쉴 때 양수에 일으키는 희미한 리듬과 같다. 엄마의 뱃속에 있을 때 언제나 정답게 쓰다듬던 물결의 리듬을 아기는 아직 기억하고 있다.

아기가 태어났을 때부터 이러한 이상적인 쓰다듬는 방법을 계속해주어야 한다.

엄마가 쓰다듬어줄 때 아기는 천천히 깊은 호흡을 하게 된다. 쓰다듬는 방법이 숙달되면 아기가 점점 안정되어가는 것을 뚜렷이 느낄 수 있다. 그것은 아기가 엄마에 대해 몹시 안심하고 있다는 표시이다.

피부 자극과 함께 운동 자극도 해주자.

- 아기를 발가벗겨 엄마의 잠자리에서 5분 동안 놀게 한다. 실온은 22~23도가 적당하다.
- 아기가 손이나 발로 차거나 칠 수 있는 범위 내에서 모빌을 하루에 5분 동안 매달아둔다.

_신경의 성장을 돕는 태아의 포즈

눈과 코를 자극하는 방법에는 다음과 같은 것들이 있다.

먼저 아기 눈의 트레이닝이다.

수건으로 감싼 아기를 단단히 어깨에 기대듯이 안고 흑백 포스터를 보여준다. 포스터를 보는 자세를 유지한다면 아기의 목 근육이 잘 발달되고 있는 증거이다.

생후 1개월 동안은 IS법을 행할 때 아기를 수건으로 감싸주도록

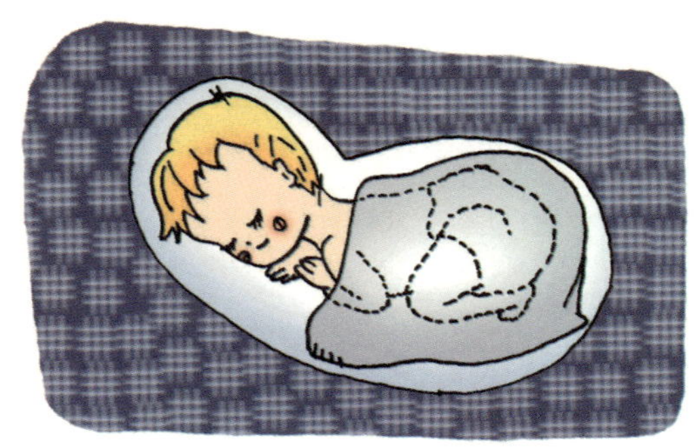

▶ 신생아가 좋아하는 태아의 포즈

아기의 신경 성장을 돕는다.

▶ 엄마의 얼굴을 보면 안심한다

엄마 아빠의 사진을 침대 곁에 붙여두면 아기는 안심한다.

한다. 팔과 다리를 구부리고 너무 조이지 않을 정도로 감싸준다. 이것이 '태아의 포즈'이다. 태어난 지 얼마 안 되는 아기가 좋아하는 자세이다. 엄마 뱃속에 있었을 때의 자세를 취하게 된 아기는 안심하게 되고, 손발을 구부리는 것으로 자기의 살과 살이 맞닿아 기분이 좋아지게 된다. 또한 이 자세에 의해 신경의 발달이 촉진된다.

생후 1개월 정도 된 아기는 손발을 바쁘게 움직이며 마음이 불안정할 때가 많다. 이럴 때 수건으로 감싸서 손발을 움직이지 못하게 해두면 IS법을 행하기도 한결 쉽다.

아기는 엎드려 잘 때 다리를 몸 밑에 구부리고 팔은 가슴속에 모으는 자세를 취하는 경우가 많다. 똑바로 누워 잘 때도 역시 무릎을 배 쪽으로 당기는 자세를 취하게 된다. 무의식중에 태아의 포즈를 취하고 있는 것이다. 이런 자세는 자라남에 따라 큰 대자에 가까워진다.

생후 1개월이 지나면 수건을 풀고 자유롭게 움직일 수 있도록 해준다.

● 얼굴 모형 그림을 사용한다.

부모의 웃는 얼굴을 닮은 그림이나 흑백 사진(20cm×25cm 정도)을 아기 침대의 안전한 위치에 붙여둔다.

아기가 이 세상에서 가장 보고 싶어하는 것은 두말할 것도 없이 엄마의 얼굴이다. 그것도 노래를 부르거나 말로 달래주는 엄마의 온화한 얼굴만큼 아기를 기쁘게 해주는 것은 없다.

그렇지만 엄마가 하루 종일 아기 곁에 붙어 있을 수는 없는 일이다. 이럴 때는 엄마의 대역을 침대에 남겨 놓도록 한다.

생후 1개월 정도까지는 흑백의 단순히 비슷한 얼굴을, 1개월이 지나면 현재의 모습을 담은 흑백 사진을 아기가 볼 수 있는 곳에 붙여놓도록 한다.

● 아기의 침대 위치를 1주일에 한 번씩 바꾸어준다.

아기의 침대가 언제나 같은 곳에 놓아둔 채로 있고, 형편상 자리를 바꿀 수가 없다면 불쌍한 아기라고 할 수 있다.

방의 배치나 전망에 전혀 변화가 없는 세계, 언제나 같은 곳에 창문이 있고 같은 위치에 옷장이 놓여 있다면 아기는 새로운 세계를 접할 수 없게 된다.

그러므로 생후 1개월까지는 1주일에 한 번, 그 이후부터는 1개월에 한 번 정도로 침대의 위치를 바꾸어주도록 한다. 아기는 그때마다 새로운 풍경을 볼 수 있게 되어 보다 많은 정보와 접촉할 수 있다.

언제나 같은 방향으로 머리를 돌리는 일도 없어지므로 머리가 한쪽을 눌릴 염려도 없다.

침대의 위치를 바꿀 수 없다면 잠을 재우는 방향만이라도 바꾸어주도록 한다.

다만 생후 8, 9개월 이후에는 침대의 위치를 고정시켜준다. 이즈음부터 일정한 환경에 안심하게 되므로 침대가 움직이게 되면 오히려 불안감을 느끼게 된다.

이때까지 엄마 자신에 대한 소개는 계속해야 한다.

아기는 아직 엄마에 대해 분명히 알지 못하고 있으므로 코와 혀에 의한 자극을 계속해주어야 한다. 모유와 엄마의 체취로 자극해주는 것이다.

언제나 좋아할 때 해주는 '아기 트레이닝'과는 달리 매일 정해진 시간에 IS법 게임을 해준다.

이것은 '어느 시기의 아기에게 어떤 자극을 해주는 것이 가장 좋은가'에 대한 연구를 통해 얻어진 아기의 능력을 최대한 발달시켜주는 프로그램이다.

다만 아기의 성장을 빠르게 하고 머리를 좋게 하는 것에 지나치게 사로잡히지 않도록 한다. 중요한 것은 엄마와 아기가 즐거운 시간을 함께 하여 좀더 가까운 사이가 되는 것이다. 그런 의미에서 IS법 게임은 무엇보다도 효과적이며 또한 아기가 바람직한 방향으로 자라는 데 큰 도움이 된다.

IS법 게임은 시각 게임, 촉각 게임, 청각 게임, 후각 게임, 운동 게임이 있다. 하나의 게임은 대개 1분 정도로 끝낸다. 5가지 게임을 계속한다 해도 5분밖에 걸리지 않는다.

이 같은 게임을 하루 세 번 아침, 점심, 저녁의 젖 먹는 시간 전에 해주면 소요되는 시간은 15분이다. 이것만으로도 충분히 IS법의 효과를 기대할 수 있다.

다음날은 전날과는 다른 게임을 택해 아기가 지루해하지 않게 해주어야 한다. 각 게임마다 엄격히 수업하는 태도로 임해야 하지만, 긴장을 풀고 즐기는 것이 매우 중요하다.

아기가 자궁 속에 있을 때 들려준 음악을 틀어주는 것도 좋다. 그렇게 하면 아기가 긴장을 풀고 안심하게 되어 게임에 쉽게 집중할 수 있다.

다만 여기서 한 가지 주의해야 할 점은 IS법에서는 갖가지 장난감을 사용한다는 것이다. 모르는 사이에 꿰맨 곳이 뜯어져 그것을 아기가 삼켜버리면 안 되므로 잠시도 아기로부터 눈을 떼지 않도록 한다.

IS법을 실행할 때는 아기가 놀고 싶어하는지 어떤지를 잘 살펴봐야 한다. 아기의 기분과 상관없이 억지로 게임을 시키는 것은 좋지 않으며 엄마 중심의 교육, 스파르타식 교육은 바람직하지 않다. 먼저 다음과 같은 점을 살펴보도록 하자.

● 잠이 오는 것같지 않고 또렷이 깨어 있다.

● 특별히 무엇을 하지 않으며 얌전히 있다.

젖먹이기 20~35분쯤 전의 아기는 안정되어 있는 경우가 많으므로 먼저 그 시간쯤에 시작해보는 것이 좋다.

기저귀를 갈아준 뒤 아기의 다리는 자연히 무릎이 구부러져 있을 것이다. 굽히고 있는 무릎이 불편하지 않도록 주의하면서 수건으로 아기를 싸주도록 한다. 이때 아기의 반응을 보아야 하므로 아기의 손은 수건으로 감싸지 않도록 한다.

주위에 쓸데없는 잡음이 들리지 않는지 살핀 다음, 밝고 또렷하게 아기의 이름을 두세 번 불러본다.

이어서 엄마나 아빠라고 말한 뒤 "사랑해."라는 등의 이야기를 해주도록 한다. 이와 같은 것을 두세 번 되풀이한다.

여기서 다음과 같은 반응에 주의한다.

● 손가락이 당신이 있는 쪽을 향하고 있는가.

● 목소리가 들리는 방향으로 머리를 돌리고 있는가.

● 당신을 좀더 똑똑히 보려고 하는가.

만약 아기가 그렇게 하고 있다면 당신에게 주의를 기울이고 있다는 증거이다.

이때 아기의 다리를 쓰다듬어주거나 몸을 흔들어준다.

그 다음, 다시 한 번 자세히 아기를 관찰해본다. 다시 말해 손발을 파닥거리며 움직이거나 차올리기를 시작하는지 살펴본다.

만약 이러한 움직임이 시작되었다면 흔들어주기를 멈추고 쓰다듬어주는 것도 차츰 그치고, 아기를 느긋하고 부드러운 상태로 놓아둔다.

어느 정도 시간이 지나면 아기가 파닥거리며 움직이는 것을 멈추고 처음의 안정된 상태로 돌아가는지 확인한다. 만약 언제까지나 차고 버둥댄다면 무리하게 달래지 않는 것이 좋다. 아기를 공연히 자극해서 한층 더 혼란하게 만들 우려가 있기 때문이다.

처음 아기를 갖게 된 엄마는 아기의 기분을 살피는 데 약간 시간이 걸릴 것이다.

잘 되지 않더라도 걱정하지 말고 다시 처음으로 되돌아가도록 한다. 그리고 아기의 이름을 불러주는 것으로부터 시작한다.

일단 아기의 리듬을 파악한 뒤에는 번거로운 단계는 밟지 않아도 상관없다.

먼저 분명히 정신이 또렷하며 안정되어 있는지를 확인해두어야 한다. 아기의 이름을 불러주었을 때 얼굴이나 눈을 엄마 쪽으로 향하거나 손가락을 들어올려 움직거리거나 발가락 끝을 펴고 느긋하게 있다면 곧 IS법을 시작한다.

_노는 것을 싫어하는 것은 아기가 보내는 신호

무슨 일이나 지나친 것은 나쁘다. IS법도 그만둬야 할 때 그만

둘 수 있어야 한다.

계속 자극을 받게 되면 아기는 점점 긴장이 쌓이게 된다. 그것이 어느 한계에 도달하면 심하게 몸을 움직이는 것으로 발산하기 시작한다. 그렇게 되면 무엇을 해줘도 효과가 없다. 곧 게임을 중단해야 한다.

유치원에 다니는 아이도 선생님의 이야기가 지나치게 길어지면 초조해져서 뛰어오르거나 딴청을 부리기 시작한다. 어른들도 일하는 도중에 커피 타임을 갖고, 긴 연극에는 휴식시간이 필요하다. 아기도 똑같다.

아기의 집중력은 처음 한동안은 4~10초 정도밖에 지속되지 않으므로 곧 한계에 이르게 된다.

아기가 쉬고 싶어할 때는 다음과 같은 행동을 취하므로 아기와 놀아주고 있을 때 계속 주의해서 살피도록 한다.

- 팔을 앞으로 쭉 내민다.
- 다리 올리는 연습을 하는 무용수처럼 발을 앞으로 내민다.
- 두 손을 비는 듯이 비벼댄다.
- 손가락이나 발가락을 벌린다.
- 혀를 앞으로 쑥 내민다.
- 턱이 축 늘어진다.

IS법을 하는 도중에 아기가 울음을 터뜨리는 경우도 있다. 이것도 지나친 자극이 원인일 때가 있다.

먼저 아기가 울음을 터뜨리면 모든 자극을 중단하도록 한다. 음악도 멈추고 쓰다듬는 것도 그만둔 채 30~60초 기다렸다가 다음과 같이 해본다.

- 30~40cm 떨어진 곳에서 당신의 얼굴만을 보여준다.
- 나지막한 목소리로 말을 건다(낮은 목소리가 울고 있는 아기에게 들리지 않을지 모르지만 어쨌든 해보라).
- 머리, 다리, 배 등에 상냥하게 손을 놓아본다.
- 정답게 쓰다듬는다.
- 안아올려준다.
- 그래도 울음을 그치지 않으면 안은 채 걷거나 흔들어주거나 상냥하고 리드미컬한 움직임을 가해준다.

우는 원인이 자극이 지나쳤기 때문이라면 이 정도로 대개의 경우 울음을 그치게 된다. 동시에 지나치게 자극받은 아기의 스트레스를 제거해주기도 한다.

아기가 졸린 모습을 보이면 억지로 놀게 하려고 애쓰지 말고 자도록 내버려둔다.

당신 역시 하품이 나와 참을 수 없을 때는 테니스 시합을 할 기분이 나지 않을 것이다. 아기도 당신과 똑같은 한 사람의 인간이라는 사실을 잊지 말아야 한다.

특히 아기에게는 수면이 매우 중요하다. 정상적인 아기가 생후 1개월 동안에 자는 시간은 하루에 20~22시간이다. 6개월 정도가 되면 수면 시간은 훨씬 짧아지지만 그래도 하루에 16시간 정도는 자야 한다.

아이는 잠자는 동안 자란다고 하는데, 특히 갓난아기의 경우 잠자는 것은 뇌가 성장하는 데 매우 중요하다.

푹 자고 있을 때에도 뇌 속에서 학습을 담당하고 있는 부분은 활발하게 움직이고 있다. 쓸데없는 자극이나 방해가 가해지지 않는 이 시간에 그날 배운 것이 정리되고 있는 것이다.

잠이 오는 기색은 없어도 아기가 바쁘게 몸을 움직이며 안정돼 보이지 않으면 엄마와 함께 놀 기분이 아니므로 그때는 가만히 내버려둔다.

반대로 엄마가 아기와 놀아줄 기분이 되어 있지 않을 때도 놀아서는 안 된다.

▶ 엄마의 따뜻한 애정이 아기와 가깝게 해준다
울음을 터뜨린 아기에게는 곧 손을 내밀어준다.

아기는 태어나면서부터 뛰어난 육감을 가지고 있으며, 특히 엄마의 기분에 민감하다. 그것은 아기를 낳아본 여성이라면 누구라도 공감할 것이다.

엄마가 진심으로 놀아주고 있는지 건성으로 대해주고 있는지

아기는 분명히 알고 있다. 억지로 속이려 들면 아기는 혼란스러워
질 것이다.

　아기와 놀아줄 기분이 나지 않을 때는 마음이 내킬 때까지 기다
려야 한다. 정말 놀아주고 싶어졌을 때 마음껏 정답게 감싸주면
되는 것이다. 그럼 생후 1개월 된 아기에게 필요한 IS법을 소개해
보기로 한다.

시각 IS법

준비물 : 손거울

1. 타월케트로 감싸 안는다.
2. 거울을 통해 엄마의 얼굴을 보여준다.
3. 거울을 7, 8cm 움직인다.

효과 포인트 : 거울을 눈으로 따라가게 하면 목의 근육 훈련이 된다.

촉각 IS법

준비물 : 청결한 분첩

1. 무릎 또는 침대에 눕힌다.
2. 분첩으로 배나 가슴을 세 번 쓰다듬는다.
3. 등도 세 번 쓰다듬는다.
4. 쓰다듬으며 몸의 각 부분의 이름을 가르쳐준다.

효과 포인트 : 방은 충분히 따뜻하게 한다.

후각 IS법

준비물 : 향수

1. 아기를 무릎 위에 올려놓고 안아준다.
2. 코에 향수병을 세 번 스치게 해준다.
효과 포인트 : 엄마가 평소에 사용하는 향
수를 이용한다.

청각 IS법

준비물 : 흰 끈과 검정 끈이 달린 방울

1. 아기를 담요로 감싸고 팔은 내놓는다.
2. 방울이 달린 끈을 손목에 붙들어맨다.
3. 손을 움직여 방울이 울리게 한다.
4. 1분쯤 자유롭게 놀게 하면서 방울을
울릴 때마다 칭찬해준다.

운동 IS법

1. 아기를 위를 향해 눕힌다.
2. 자전거 페달을 밟듯이 두 발을 30초
동안 움직여준다.
3. 몸 아래에 손을 넣어 상체를 일으켜
다시 눕힌다.
4. 안고 몸을 좌우로 흔들어준다.

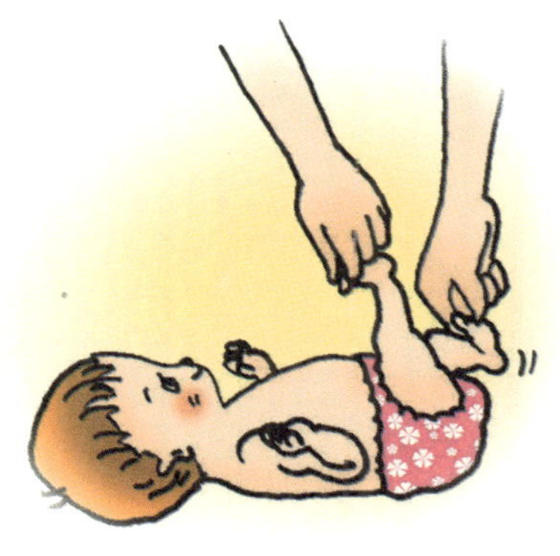

I

준비물 : 흑백의 줄무늬나 체크 무늬 그림

1. 무릎 위에 아기를 앉힌다.

2. 흑백 무늬의 그림을 아기의 얼굴 정면 30㎝ 이내에 갖다댄다.

3. 그림을 작은 원을 그리듯이 세 번 돌린 뒤 5초 동안 멈춘다.

4. 그림을 천천히 15㎝ 정도 오른쪽으로 움직이고 그대로 5초 동안 멈춘 다음, 이번에는 두 번 돌린다(아기의 얼굴을 돌리는 운동이 된다).

5. 왼쪽으로 똑같이 되풀이한다.

효과 포인트 : 아기의 눈과 머리가 그림을 따라가는지 잘 살핀다.

II

준비물 : 얼굴 모형 그림, 딱딱한 베개, 흑백의 줄무늬나 체크 무늬 그림

1. 아기를 무릎 위에 앉히고 우스꽝스러운 표정을 지어 보인다.

2. 얼굴 모형 그림을 사용하여 I에서와 같이 한다.

3. 머리를 조금 들어 베개를 괴어 눕힌다.

4. 흑백 무늬 그림을 아기의 얼굴 정면에 대고 천천히 7, 8㎝ 들어올렸다가 천천히 제자리로 돌아온다.

효과 포인트 : 아기를 처음에 웃기는 것이 중요하다.

I

1. 방안을 따뜻하게 하고 아기를 알몸으로 무릎 위나 침대에 눕힌다.

2. 머리에서 발끝까지 또는 몸의 중심(가슴이나 배)으로부터 손발 쪽으로 천천히 쓰다듬는다(1분에 12번 정도).

3. 쓰다듬으며 몸의 각 부분의 이름을 가르치듯 말을 건다.

효과 포인트 : 아기가 긴장을 풀고 있는지 확인하고, 2분쯤 행한다.

II

준비물 : 감촉이 다른 두 종류의 천(벨벳, 새틴)

1. 아기를 팔과 다리만 맨살을 드러낸 채 무릎 위에 앉힌다.

2. 아기에게 천을 만지는(폭신폭신, 까칠까칠) 것을 가르친 다음 쥐어보게 한다.

3. 한번 세게 쥐어보게 한 다음 손가락을 펴준다.

4. 아기의 손바닥을 같은 천으로 비벼준다.

5. 천을 바꾸어 두 번 되풀이한다.

6. 발도 천을 바꾸어가며 문질러준다.

효과 포인트 : 아기가 졸지 않으면 곧 손가락을 쥐게 한다.

Ⅰ

1. 아기를 두 팔로 안아준다.

2. 동요를 적어도 두 번 불러준다.

효과 포인트 : 아기가 졸지 않는지 살핀다. 30초 정도가 적당하다.

Ⅱ

준비물 : 딸랑이

1. 아기를 똑바로 눕힌다.

2. 아기의 머리 오른쪽 뒤에서 딸랑이를 세 번 울린다.

3. 같은 것을 세 번 되풀이한다.

4. 왼쪽 뒤에서도 똑같이 한다.

효과 포인트 : 아기의 머리가 딸랑이 소리가 나는 방향으로 돌아가는지

살핀다.

Ⅲ

준비물 : 신문지

1. 아기를 손을 제외한 모든 부분을 타월케트로 싸서 안는다.

2. 신문의 페이지를 뒤적이며 제목을 읽는다.

효과 포인트 : 아기가 잠들어도 1분 동안 계속하면 효과적이다.

I

준비물 : 시나몬 · 바닐라 등의 에센스

1. 아기를 팔에 안는다.

2. 시나몬 에센스를 코밑에서 세 번 왔다갔다한다.

3. 10초 정도 사이를 두고 바닐라 에센스로도 똑같이 한다.

효과 포인트 : 웃고 있을 때가 가장 효과적이다. 얼굴 근육이 꿈틀꿈틀 움직인다면 좋은 반응을 보이고 있는 증거이다.

II

준비물 : 비비면 냄새 나는 그림책

1. 천천히 아기를 타월케트로 감싸 안는다.

2. 책을 읽으면서 "이건 달콤한 냄새, 이건 신 냄새야."라고 가르치면서 3종류의 냄새를 맡게 한다.

효과 포인트 : 또렷하게 잠이 꺼어 있는 상태인지 확인하면서 한다.

I

1. 아기를 침대에 벌렁 눕힌다.

2. 엎어 눕혔다가 다시 젖혀서 똑바로 눕힌다.

3. 양쪽 팔을 좌우 밖과 위로 각각 세 번씩 펴거나 오므린다.

효과 포인트 : 잠이 오는 것 같으면 그만두게 한다.

II

1. 아기를 침대에 벌렁 눕힌다.

2. 아기의 팔을 위로 곧게 펴지도록 들어올린다.

3. 손으로 동그라미를 그리듯이 팔을 세 번 돌려준다.

4. 오른쪽 상체를 아래와 옆을 향하게 하고 아래에서 팔을 돌려 5cm쯤 아기를 들어올렸다 내린다.

5. 왼쪽 상체를 밑으로 오게 굴려 똑같이 들어올린다.

III

1. 아기를 마주보도록 무릎에 안는다.

2. 좌우로 45초 동안 흔든다.

3. 아기를 안은 채 천천히 오른쪽으로 몸을 돌린다.

4. 왼쪽으로 똑같이 돌린다.

효과 포인트 : 천천히 아기의 상태에 주의하면서 몸을 돌린다.

2개월된 아기가 말을 기억하게 하는 육아법

_아기가 좋아하는 색깔

생후 2개월된 아기의 눈은 훨씬 잘 보인다.

만 1개월이 될 때쯤에는 기껏해야 40cm 정도 앞까지밖에 보지 못했지만, 3개월이 될 무렵에는 3m 앞의 물체까지 보이기 시작한다. 그리고 엄마가 능숙하게 도와주면 아기의 보는 힘은 더욱 자라게 된다.

이런 실험 결과가 있다. 흑백의 체크 무늬를 하루에 3분씩 1주일 동안 아기에게 보여주었더니 5초밖에 계속되지 않던 아기의 집중력을 60~90초까지 연장시킬 수 있었다.

사물을 계속 바라보는 시간을 연장하면 그만큼 많은 것을 배울 수 있다. 집중력을 키워주는 것은 이제부터 모든 공부를 해나가는 데 큰 도움이 된다.

아기의 눈이 아직 보이지 않는 것 같거나 보는 것에 흥미를 느끼지 못하는 것은 보여주는 물건이나 보여주는 방법이 나쁘기 때문이다. 결코 보이지 않는 것이 아니다.

먼저 아기가 보아서 흥미를 느낄 수 있는 물건, 관심을 끄는 것은 무엇인지 바르게 알아야 한다.

아기의 장난감이라고 하면 대개는 분홍색이나 하늘색 같은 파스텔 색조로 정해져 있다. 하지만 이것은 아기 취향에 전혀 맞지 않는 것이다. 아기가 제일 좋아하는 것은 흑백의 두 가지 색이다.

"우리 아기는 분홍색 공을 잘 갖고 노는데요? 노란 담요도 꽤나 마음에 들어 하는데요?"

그렇게 말하는 엄마가 있을지도 모른다. 확실히 아기는 분홍색이나 노란색도 볼 것이다. 하지만 그런 것밖에 볼 수 있는 것이 없어서 그런 것이다. 만약 아기가 좋아하는 색을 선택하게 된다면 파스텔 컬러는 절대로 흑백에 견줄 수가 없다.

'터디 쇼'는 미국에서 가장 인기 있는 아침의 와이드 쇼이다. 나는 이 프로에 출연했을 때 갓난아기의 흑백 취향을 전 미국인들에게 증명할 수 있었다.

스튜디오에 모인 아기들에게 나는 두 종류의 모빌을 보여주었다. 흔히 장난감 상점에서 볼 수 있는 파스텔 컬러의 일곱 빛깔 나비를 매단 모빌과 내가 만들어낸 흑백의 모빌이었다.

그 결과, 1명을 제외하고 모든 아기가 흑백 모빌에 관심을 나타냈다. 게다가 대부분의 아기들은 쳐다보는 것만으로는 성이 차지 않아 모빌에 손을 대거나 때리려고 할 정도로 관심을 보였다.

이 흑백 모빌을 파리의 소르본 대학에서 유아 교육을 지도하는 교수에게 몇 개 보내준 일이 있다. 프랑스의 장난감 가게에서 팔고 있는 보통의 모빌과 흑백 모빌 중 어느 쪽이 더 아기들에게 인기가 있는지 알아보기 위해서였다. 몇 주일 뒤, 전화가 왔다.

"저, 흑백 모빌을 좀더 보내주실 수 없을까요? 실은 조산원과 보육원에서 가지고 가더니 한 개도 돌려주지 않아요."

어찌 생각하면 지루해 보이기까지 하는 검은색과 흰색을 아기들이 이만큼 마음에 들어하는 것은 무슨 까닭일까.

먼저 생후 9개월 정도까지의 아기는 색을 구별하는 세포(안구 안쪽에 있다)가 충분히 발달해 있지 않기 때문에 제일 잘 보이는 것이 검은색과 흰색이다. 그리고 아기의 눈에 가장 매력적으로 비치는 것은 조화가 되는 색의 조합이다. 그것이 눈 조직의 성장을 자극해주기 때문이다.

말할 것도 없이 색의 조화가 가장 잘되는 것이 검은색과 흰색이다. 그것도 흑백의 경계 부분, 실제로 흑백 무늬 속에서도 아기가 즐겨 쳐다보는 곳이 바로 이곳이다.

이처럼 아기의 흑백 취향에 따르려면 천 조각을 넣어 꿰매는 장난감 하나라도 지금까지와는 달라져야 한다. 갓난아기는 동물 장난감이라면 어떤 것이나 다 좋아하는 것처럼 보이지만, 실제로 가장 좋아하는 것은 팬더 따위의 흑백 동물이다.

조각 천을 넣어 꿰맨 것도 좋고 엄마가 소리를 내거나 움직이게 해줄 수 있는 손가락 인형도 아기들은 매우 좋아한다. 비닐로 만들어져 쥐기 쉽고, 누르면 소리가 나는 팬더 따위도 좋다.

모빌은 대꼬챙이나 철사에 무명실을 매달아 흑백 줄무늬, 물방울, 체크 무늬의 정육면체나 원뿔(종이로 만듦) 인형을 균형을 맞추어 매단다. 모르는 사이에 매단 것이 떨어져 아기가 삼켜버리지 않도록 단단히 붙들어매야 한다.

당신의 아기가 숫자를 좋아하는 아이가 될지는 모르지만 숫자로 배우는 도형을 보면 매우 흥미를 보일 것이다. 예를 들어 삼각형, 동그라미, 정육면체, 원뿔, 삼각뿔, 원주 등이다.

그 중에서도 특히 둥근 모양, 그것도 검은색과 흰색의 동그라미가 겹쳐진 화살의 과녁과 같은 그림을 제일 좋아한다.

아기를 가슴에 안았을 때 젖꼭지를 빨려고 달려드는 것은 동그랗고 거무스레한 젖꼭지 모양과 하얀 유방 색의 조화에 이끌리기 때문이다.

엄마의 눈을 빤히 들여다보는 것도 흰자위 속의 검고 둥근 눈동자에 흥미를 가지고 있기 때문이다. 그러나 어른도 그렇지만 아기도 똑같은 것을 자꾸 보게 되면 차츰 싫증을 느낀다.

생후 6개월 정도의 아기는 줄무늬, 체크 무늬, 안구형이나 사각형을 좋아한다. 그러나 아무리 좋아한다고 해도 디자인 등을 조금씩 복잡하게 해주지 않으면 계속 아기의 관심을 끌 수 없다.

어느 날 버지니아 주에 있는 페어팩스 병원의 간호사들이 내게 조언을 구해 왔다. B라는 아기가 태어나면서부터 상태가 좋지 않아 생후 3개월이 되었는데도 아직 퇴원하지 못하고 있다는 것이다. 이 아기는 태어날 때에 비하면 훨씬 좋아졌지만 아직 원기가 없고, 다른 신생아들이 좋아하는 흑백 무늬에도 관심을 보이지 않는다는 것이었다.

나는 먼저 그 아기를 무릎 위에 똑바로 앉힌 다음, 눈을 크게 뜬 상태에서 흑백의 체크 무늬를 보여주었다. 눈금은 6cm×6cm로 이 병원에서 사용하고 있던 것이었다.

아기는 1초 반쯤 그것을 보고는 곧 눈을 감았다. 다음에 눈을 떴을 때도 체크 무늬는 같은 장소에 있었지만 금세 눈을 감고 얼굴을 오른쪽으로 돌렸다.

조금 뒤 다시 바라보았지만 보이는 것은 같은 체크 무늬였다. 아기는 또 금방 얼굴을 돌려버렸다.

"아무래도 체크 무늬를 싫어하는 것 같군요. 뭔가 다른 무늬는 없나요? 안구형 같은……."

나는 간호사에게 말했다.

"아뇨, 그것밖에는 없어요. 흑백이 어긋나게 엮어진 격자형 천은 있지만 몹시 촘촘한 무늬예요. 2cm×2cm니까요."

어쨌든 간호사에게 그 천을 가져오게 했고, 그 아기에게 시험해보기로 했다. 그것을 보여주었을 때 아기의 반응은 매우 극적이었다. 눈을 크게 뜨고 파고들듯이 무늬를 바라보기 시작했다. 정신이 든 것처럼 눈은 빛나기 시작했고, 오른쪽에서 왼쪽으로 위에서 아래로 모양을 쫓아갔다. 40초 동안이나 눈을 한번도 깜빡이지 않고 무늬를 바라보았다. 결국 그 아기는 단순한 체크 무늬에 싫증이 났던 것이다.

다음에 다른 무늬를 시험해보았다. 만화 주인공인 작은 그림이 사방에 박혀 있는 푸른색 바탕의 천이었다. 그 아기는 거들떠보지도 않았다. 너무 복잡해도 안 되는 것이다. 신경이 많이 쓰이는 것은 아기에게 너무 부담이 된다.

그래서 격자 무늬의 천을 다시 한 번 보여주었다. 그 아기는 아주 새로운 것을 보여준 것처럼 관심을 보여 12초 동안이나 싫증을 내지 않고 계속 바라보았다.

만약 아기가 이제까지 매우 좋아하던 무늬를 무시하기 시작했다면 잠시 보여주는 것을 중단한다. 아기에게 자기가 본 것을 정리할 시간을 줄 필요가 있는 것이다.

조금 사이를 두고 다시 한 번 보여주어도 흥미를 보이지 않는다면, 아기는 지쳐 있거나 이미 충분히 자극을 받아서 그 모양을 더 이상 볼 필요가 없다는 뜻이다.

_생후 2개월째에는 귀여운 자기의 손에 주목한다

생후 2개월째가 되면 아기는 자신의 손에 대단한 흥미를 갖기 시작한다. 자기 손을 열심히 조사하거나 양쪽 손을 서로 맞붙들거나 잡아당긴다. 이런 행동을 자주 하는 것은 자기 손가락을 펴보려고 하는 것이다.

생후 1개월째에 굳게 쥐고 있던 아기의 주먹은 조금씩 풀어져 펴지기 시작한다. 그리고 점점 눈이 보이는 범위도 넓어지게 되므로 흥미 있는 것을 찾아내면 손을 대보거나 쥐어보고 싶어한다.

다만 아기가 의식적으로 장난감을 쥐게 되는 것은 주먹의 긴장이 사라지는 3개월째부터이므로 조금 더 기다려야 한다.

2개월째에는 장난감을 손바닥에 닿게 해줘도 좀처럼 쥘 수가 없다. 그래도 아기의 손에 뭔가 닿았다는 감촉을 느끼게 해주는 것은 의미 있는 일이다.

손을 내밀어 흥미 있는 사물을 거머쥐는 동작은 많은 신경과 근육의 조화가 이루어지지 않으면 안 된다. 그러기 위해서는 엄마의 도움이 필요하다.

특히 효과적인 장난감은 흑백의 원기둥이나 사각형, 딸랑이 등이다. 손바닥에 놓아주는 장난감의 굵기를 바꾸어주는 것도 주먹 근육의 긴장을 완화시키는 데 효과가 있다. 자기 손을 가지고 노는 몇 가지 훈련법을 예로 들어보겠다.

- 아기의 손목에 갖가지 색깔의 리본을 여러 개 매준다.

  이 리본은 자기 손에 대한 흥미를 더욱 높여준다. 목에 감기기 않도록 짧게 자른 리본을 사용한다.

- 방울을 단단히 달아놓은 흑백의 손 장갑을 끼워준다.

  이것을 끼고 있는 아기로부터 눈을 떼서는 안 된다. 방울을 삼켜버릴지도 모르므로 충분히 주의를 해야 한다.

- 아기의 손을 쓰다듬는다.

  이때는 물건을 쥐는 연습을 시키듯이 아기의 손바닥을 상냥하게 쓰다듬어 주먹을 쥔 손의 긴장을 풀어주는 것도 좋다.

- 아기의 손을 잡아 자기 손으로 머리에서 발끝까지 적어도 1분간 쓰다듬게 해준다. 그리고 팔을 쓰다듬어 주먹을 쥐고 있는 손의 긴장을 풀어주는 것도 좋다. 예를 들면 다음과 같이 한다. "지금 네가 쓰다듬고 있는 곳은 머리야. 지금 쓰다듬는 곳은 어깨이고, 이번에는 코란다."

  자기 손으로 자신의 몸을 만져보는 것을 익힌 아기는 다음에는 엄마나 아빠의 몸 가운데서 자신이 제일 좋아하는 부분을 만져보려고 할 것이다. 젖을 빨고 있는 동안에 손을 엄마의 가슴에 살며시 얹을지도 모른다.

_이미 자신의 감정을 표현할 수 있다

아기는 자기가 흥미를 느끼는 것 말고는 만지려고 하지 않는다.

아기가 엄마의 몸을 만지기 시작했으면 엄마의 자기 소개가 잘되었다는 증거이다. 엄마가 자기와는 다른 인간이며, 대단히 중요한 사람이라는 것을 차츰 알게 된 것이다.

아기는 문득 대단히 친숙한 느낌의 웃는 얼굴을 보여 엄마를 놀라게 할 것이다. 아기도 이제 조금씩 감정을 표현하는 능력을 몸에 지니게 된 것이다.

실은 이즈음부터 아기는 대단히 중요한 일을 또 하나 배우고 있는데, 그것은 자기의 표정을 바꾸는 것으로 엄마의 흥미를 끌어보려는 것이다. 그리고 부모만이 아니라 다른 사람에게도 웃음을 지어 보인다. 이것은 엄마와 아빠가 아기에게 쏟은 애정이 아기를 안심시켜 인간에 대한 흥미를 심어준 증거이다. 이런 아기는 자기 혼자 놀고 있을 때보다 누군가와 함께 놀고 있을 때 집중력이 더 좋아진다. 따라서 이 시기가 되면 아기 혼자 누워서 모빌을 보게 하는 것보다 아기용 의자에 앉혀 엄마 곁에 있게 하는 것이 좋다.

아기를 유모차에 태우고 돌아다니면서 집안 일을 하는 엄마들이 있는데, 이 무렵의 아기에게 매우 좋은 일이다. 아기가 곁에 있으면 잠깐 쉴 때마다 말을 건다든가 노래를 불러줄 수 있기 때문이다.

말이나 동작, 그리고 감정에 익숙하게 하기 위해 포스터를 이용하는 것도 좋은 방법이다.

아기와 함께 있으면 거의 지루함을 느끼지 못한다. 2개월째부터는 아기 나름대로의 방법으로 이야기도 시작한다.

1개월된 아기도 목을 울리거나 울부짖는 소리를 내기는 하지만, 생후 2개월부터는 엄마가 노래를 불러줄 때 함께 콧소리를 내는 등 훨씬 말 같은 발음에 가까워진다.

아기가 말을 하기 시작하는 것은 생후 1년째 이후가 보통이다. 또한 아무것도 말할 수 없는 동안은 말을 걸어봐도 소용이 없다는 생각에 아기와의 대화에 무관심한 엄마가 적지 않다. 하지만 이것은 매우 잘못된 생각이다.

엄마와 이야기하게 되는 것은 태어난 지 1년 뒤이지만, 그날을 맞이하기 위한 아기의 공부는 이 세상에 태어날 때부터 이미 시작되었다. 그리고 엄마가 상냥하게 말을 걸어주는 것이 아기의 성장에는 가장 효과적이다. 그 예를 하나 들어보겠다.

엄마들이 아기에게 얼마나 이야기를 해주었는지를 관찰하여 '많은 이야기를 듣고 자란' 아기들과 '이야기를 별로 듣지 못한' 아기들의 성장을 비교해 본 실험이 있다.

그 결과에 의하면 엄마가 충분히 이야기를 해준 아기 쪽이 말을 기억하는 속도가 빠르고, 생후 3개월 정도에 이미 목소리를 내기 시작하는 아기가 많았다.

또한 이 아기들이 성장하여 12년 뒤에 조사해본 결과, 학교 성적이 좋은 똑똑한 아이로 자라난 것은 '이야기를 많이 듣고 자란' 아이들이 대부분이었다.

이와 같이 아기에게 이야기를 해주는 것은 아기를 즐겁게 해줄 뿐만 아니라 말을 빨리 기억하게 하고 머리를 좋게 하는 등 여러 가지 면에서 아기의 성장을 도와준다는 것을 알 수 있다.

그렇다고 해서 아무 이야기나 많이 해주기만 하면 되는 것은 아니다. 말을 할 수 없는 아기와 즐겁게 대화를 나눌 때는 어른들끼리 이야기할 때와는 다른 매너가 있어야 하는 것은 당연하다.

아기와 대화를 나누는 효과적인 방법이 있다.

_아기가 좋아하는 대화법

아기가 좋아하는 목소리는 유쾌하고 분명한 억양이 있는 목소리이다. 아기는 높은 톤의 소프라노 목소리를 몹시 좋아한다.

엄마들은 본능적으로 이런 것을 알고 있어서 아기에게 이야기를 걸 때는 자연히 1~2옥타브 높은 상냥한 목소리를 낸다.

낮고 심드렁한 목소리, 졸음이 오는 듯한 목소리는 아기에게도 지루하게 들린다. 큰 소리, 화난 목소리, 명령하는 목소리 등은 더욱 나쁘다.

아기의 귀에는 속삭이는 듯한 작은 목소리도 잘 들린다. 늘 밝은 목소리로 상냥하게 이야기하도록 노력해야 한다.

몸짓 손짓을 섞어가며 많이 물어보는 것도 중요하다. 또한 약간 강한 목소리로 이야기하는 것이 좋다.

아기는 엄마의 목소리에 흥미를 갖고 귀를 기울일 뿐만 아니라 그 말이 어떤 몸짓으로 이야기되고 있는지 늘 지켜보고 있다.

즐거울 때는 가능한 한 즐거운 표정으로, 슬플 때는 가장 슬픈 표정으로 이야기하는 것이 좋다. 분명하고 고저가 뚜렷한 말씨가 아기에게도 즐거우며 말의 이해를 빠르게 하는 데 도움이 된다.

특히 말씨가 단조로운 사람이라면 아기와 이야기할 때만이라도 다른 사람이 된 기분으로 마음껏 높은 목소리로 이야기하도록 해야 한다.

또 하나 중요한 대화법은 질문을 많이 하는 것이다.

"배 고프지?" "어머, 또 쌌구나." 등의 말을 건네면 아기는 기분 좋아 한다. 알아듣지도 못하고 대답도 할 수 없는 아기에게 질문을 해봐야 무슨 소용이 있겠느냐고 생각하면 큰 잘못이다.

질문을 하면 반드시 말소리가 올라가게 되므로 자연히 목소리에 억양이 붙고 아기가 좋아하는 목소리가 된다. 더욱 중요한 것은 질문을 받았을 때는 대답을 하는 것이라는 것을 아기도 차츰 알게 된다. 분명하게 대답할 수는 없어도 차츰 목을 울리면서 대응하게 되는데, 이것이 엄마와 아기의 대화의 첫걸음이다.

자기 의견만 자꾸 주장하게 되면 상대방은 듣는 쪽으로만 되어버린다. 하지만 질문을 해주면 상대방이 이야기할 기회가 생긴다. 아기와의 관계도 이것과 같다.

몸짓을 섞어가며 약간 높은 목소리로 이야기하는 것과 자주 질문을 하는 것, 이 두 가지는 매우 중요하다. 아기는 생후 6주째에 스스로 소리를 낼 수 있게 된다(4, 5개월이 걸리는 것이 보통이다). 아기가 저도 모르게 문득 흉내를 내도록 즐거운 목소리를 충분히 들려주는 것이 엄마의 역할이다.

아기에게 이야기할 때는 언제나 정면에서 눈을 똑바로 쳐다보며 해야 한다. 아기는 변덕스러워서 흥미 있게 듣다가도 갑자기 지루해하거나 난폭해지기도 한다. 그러므로 엄마가 눈을 똑바로 쳐다보며 이야기하면 아기가 웃거나 눈을 반짝이고 있거나 찡그리는 것을 금방 알 수 있게 된다.

아기 쪽에서도 엄마가 자기를 바라보며 이야기해주면 얼굴의 움직임이나 표정에서 말 이외의 메시지를 짐작할 수 있다.

‘눈은 입만큼 말한다.’ 특히 말을 할 수 없는 아기에게 엄마의 기분을 눈으로 말해주는 것도 중요한 대화가 된다.

말로 하는 대화와 표정이나 몸짓을 이용한 대화, 이 두 가지로 의사소통을 하지 못하면 아기는 곧 싫증을 느껴 외면하고 만다.

맨 처음에는 오른쪽 귀에다 이야기를 한다. 그 이유는 생후 3개월까지의 아기는 왼쪽 귀보다는 오른쪽 귀가 훨씬 민감하기 때문이다. 더욱이 오른쪽 귀가 직접 연결되어 있는 왼쪽 뇌는 말로 사물을 생각하는 장소이므로 오른쪽 귀에 이야기해주도록 한다. 이렇게 하는 것이 아기의 관심을 끌기 쉽다. 그러나 한번 이야기한 뒤에는 그런 것에 구애받을 필요가 없다. 가능한 한 아기의 앞쪽에서 이야기하도록 한다.

이야기를 할 때는 언제나 똑같은 말로 시작한다.

“자, 엄마다, 샛별아!”

“내 귀여운 샛별아!”

“넌 정말 영리하구나.”

2, 3개의 숙어를 정해놓고 아기에게 이야기를 걸 때는 반드시 이 말부터 시작하도록 하자. 이러한 말을 들으면 어머니와 놀게 된다는 것을 스스로 깨닫게 된다.

특히 태어난 지 얼마 되지 않는 아기에게는 이 신호가 엄마나 아빠를 다른 사람들과 구분하는 데 도움이 된다.

숙어는 언제나 자연스럽게 입에서 나올 수 있는 당신의 솔직한 애정을 표현하는 말을 선택하도록 한다. 아기의 이름도 반드시 넣도록 한다. 자기의 이름을 기억시키는 데 효과적이기 때문이다. 산부인과에 입원해 있는 아기도 이 신호의 숙어를 녹음한 부모의 목소리를 들으면 침착해지므로 간호사들에게 호평을 받고 있다.

아기는 갖가지 종류의 소리를 들으면서 자라난다. 그렇지만 텔레비전, 라디오, 청소기, 도로를 달리는 자동차의 소음 등이 들리는 곳에서 하루 종일 지내게 되면 신경이 쉴 틈이 없다. 엄마의 목소리를 들려주고 싶은 중요한 순간에 이젠 더 이상 소리는 듣고 싶지 않게 된다.

그러므로 하루 중 몇 시간은 스테레오나 텔레비전을 끄고 가능한 한 조용한 시간을 만들어주어야 한다. 그래서 소리를 듣고 싶은 기분이 되게 한 다음, 아기에게 말을 건네는 것이 효과적이다.

특히, 아기에게 이야기를 걸고 있을 때는 엄마 목소리 이외의 소리가 들리지 않도록 주의해야 한다. 그것은 아기의 집중력과 에너지가 엄마에게 모아지도록 하기 위해서이다.

_아기는 이렇게 노력하고 있다

● 아기가 말을 시작하지 않는다고 초조해할 필요는 없다.

특히 생후 6개월까지의 아기는 자기가 생각하는 대로 근육을 움직이려면 약간 시간이 걸린다. 엄마에게 대답을 하고, 목소리를 내보자고 생각해도 실제로 목소리가 나오는 것은 10초~12초쯤 뒤에야 가능하다.

갓난아기는 뭔가 이야기하려고 하면 할수록 움직임이 무뎌진다. 그러므로 엄마도 느긋하게 아기와 상대해주어야 한다.

목까지 나온 목소리가 소리를 내지 못하면 엄마가 도와주도록 한다. '아―'라든가 '우―'와 같은 모음을 길게 끄는 소리를 내주면 아기도 막힘이 제거되어 쉽게 소리가 나오게 된다.

● 이야기를 하면서 적당히 간격을 취한다.

예를 들면, "배가 고프지 않니?"라고 한 다음, 조금 사이를 두고 "젖을 줄까?"라는 등 대화에 사이를 둬보자. 아기는 이번에는 자기가 이야기할 차례라고 생각해 소리를 낼지도 모른다. 사이를 두고 있을 때는 아기를 정면으로 상냥하게 쳐다보며 "자, 얘기해봐." 하고 눈으로 말을 걸도록 한다.

● 아기가 뭔가 소리를 내면 3초 이내에 대답을 해준다.

어른에게는 아무것도 아니지만 한마디의 말을 하는 것도 아기에게 있어서는 대단한 일이다.

엄마에게 말해주는 '바아'라든가 '다아'라는 한마디도 아기에게는 대단한 노력과 용기가 필요했다는 것을 알아야 한다. 그리고 자기가 좋은 일을 했는지, 가치 있는 일을 했는지 아기는 알고 싶어한다. 그것을 판단하는 기준이 엄마의 반응이다.

만약 모처럼 말을 걸어도 엄마가 반응을 나타내지 않으면 아기는 실망하게 된다. 애써서 목소리를 내겠다는 기분 따위가 사라지고 마는 것이다. 그러므로 아기가 소리를 내면 3초 이내에 "잘했다, 훌륭해."라고 상냥하게 대답해주어야 한다.

중요한 것은 기회를 놓치지 않는 것이다. 10초 정도가 지난 뒤에는 칭찬을 해줘도 아기는 무슨 영문인지 모른다.

_말에 흥미를 갖는 것은 엄마의 대답에 달려 있다

아기에게는 어떤 대답을 해주는 것이 좋을까? 실제로 증명된 3가지 방법을 소개하기로 한다.

● 앵무새처럼 아기의 목소리를 흉내낸다.

가능한 한 아기가 낸 목소리와 똑같은 목소리를 낸다. 몸짓이나 표정도 그대로 흉내내도록 한다.

이것은 아기와 엄마의 마음을 통하게 하는 데 놀랄 만큼의 효과가 있다. 꼭 시험해보기 바란다. 아기의 기분을 쉽게 이해하게 됨으로써 부모와 자식 사이에 일체감이 생기게 된다.

● 약간 다른 말, 어려운 갈로 대답해준다.

예를 들어 아기가, "어 –"라는 소리를 냈다고 하자. 엄마는 이렇게 대답해본다. "아니야, 틀렸어. 지금 뭐라고 했지? 엄마라고 말해 봐. 자, 말해 봐. 엄마!"

'엄마'라는 말을 천천히 분명히 말하도록 한다. 아기에게 말에 대한 흥미를 키워주는 데 도움이 된다. 또 짧고 쉬운 질문을 몇 가지 해봄으로써 아기가 좀더 얘기하고 싶은 마음을 갖도록 한다.

● 눈앞의 것을 화제로 만들어준다.

눈앞에 있는 장난감이나 사물을 화제로 하여 그 이름을 몇 번씩 되풀이해 말해준다. 예를 들어 공을 갖고 놀고 있다면 다음과 같이 얘기해준다.

"이 공이 보이니? 엄마가 갖고 있는 것은 공이야. 보이지?"

아기가 별로 흥미를 보이지 않는 것처럼 해도 같은 말을 몇 번씩 싫증 내지 말고 되풀이해주는 끈기가 필요하다. 특히 생후 2개월 전후의 아기는 적어도 3, 4번 같은 말을 되풀이해주지 않으면 좀처럼 반응을 보이지 않는다.

● 신문을 읽어준다.

아빠도 아기와의 놀이에 참가하고 싶으면 이 방법이 가장 좋다. 무릎 위에 아기를 올려놓고 신문의 제목을 천천히 또렷하게 약간 과장된 모습으로 읽는다. 신문을 한 장 한 장 들추는 동작도 아기를 즐겁게 해준다.

이것을 날마다 6주 정도 계속해주면 아빠가 제목을 읽어줄 때마다 아기는 '우 –'라든지 '구 –'라는 울부짖는 소리를 내게 된다. 아빠의 흉내를 내며 자기도 신문을 읽는 것처럼 생각하는 것이다.

● 손이나 몸 전체를 움직이면서 노래를 불러준다.

말의 의미를 모르는 아기는 말을 걸어주기만 해도 지루해하며 싫증을 낼 때도 있으므로 때로는 우스꽝스러운 몸짓을 섞어 즐겁게 해준다. 가볍게 춤을 추며 노래를 불러주는 것도 좋다.

_달랠 때 해서는 안 되는 것

엄마라면 누구나 아기가 기거나 서거나 걷는 날을 기다릴 것이다. 하지만 '빨리 걸으면 좋겠는데…….' 하고 마음으로 기다리고만 있으면 아무런 소용이 없다. 아기를 위해 뭔가 도와줘야 한다.

먼저 갖가지 방향으로 움직이도록 하여 몸의 균형을 능숙하게 취하는 근육 동작 방법을 가르쳐주도록 한다.

예를 들어, 흔들의자나 그네를 흔들어주는 것은 전후 좌우로 움직임을 가르쳐주는 것이 된다. 갓난아기라면 누구나 '두둥실' 흔들어주는 것을 제일 좋아한다. 이것은 아래위로 몸을 움직이는 것이다. 유모차에 태우고 나가는 산책이나 자동차 드라이브도 아기를 기분 좋게 해준다. 아기는 재그재그의 움직임을 즐긴다.

예를 들어, 아기를 꼭 껴안고 천천히 방을 돌거나 슈퍼마켓 등을 빙글빙글 걸어다나면서 장보기를 하면 아기에게 훌륭한 원운동 체험이 된다.

그러나 절대로 하면 안 되는 움직임도 있다. 아기를 안은 채 뛰어오른다거나 아기를 심하게 흔드는 것 같은 움직임은 갓난아기의 목이 꺾일 위험이 있으므로 삼가야 한다.

1년이 채 못된 아기의 뇌는 두개골보다 작으며 아직 꽉 차 있지 않기 때문에 머리가 갑자기 심하게 흔들리면 뼈에 부딪혀 뇌를 다칠 위험이 있다.

아기의 근육 발육을 돕는 데 알맞은 훈련은 다음과 같다.

- 몸을 받들어 10초 동안 서게 한다. 아기가 자기 발로 체중을 느낄 수 있게 된다.
- 욕조 안에서 아기의 몸을 붙잡고 자유롭게 발을 차게 하거나 헤엄치듯 손발을 움직이게 해본다. 물론, 아기를 혼자 욕조에 넣은 채 한눈을 팔면 위험하다.

그럼 생후 2개월된 아기의 IS법을 소개하기로 한다. 시각, 청각, 촉각, 후각, 운동에서 각기 한 가지 방법을 선택한다. 한 개의 게임을 하는 데는 보통 1분 정도가 적당하다.

촉각 IS법

1. 아기를 위를 향해 눕힌다, 젖먹이 아기용 의자에 앉힌다.
2. 아기의 두 손을 쥐고 몸앞으로 가져온다.
3. 손을 세 번 마주 때린다.
4. 손을 서로 세 번 비벼댄다.
5. 오른손 손등을 비벼대듯 왼손 안쪽으로부터 팔꿈치, 어깨, 목, 입이 있는 곳까지 가져다댄다.
6. 왼손도 똑같이 한다.

시각 IS법

준비물 : 모빌
1. 아기를 무릎 위에 올려놓고 안는다.
2. 모빌을 돌려 매달아 놓은 것을 보여준다.
3. 아기의 눈앞으로 모빌을 가까이 가져간다.
4. 천천히 오른쪽 귀로, 이어서 왼쪽 귀로 움직인다.
효과 포인트 : 모빌에 손을 내밀어 보려고 흥미를 보이는지 살핀다.

청각 IS법

준비물 : 발레 음악 테이프

1. 아기를 위를 향해 안아올린다.
2. 음악에 맞추어 춤을 추듯이 아기를 앞뒤로 움직인다.
3. 겨드랑이 밑에 손을 넣어 아기가 닿을 때까지 내리고 다시 들어올린다. 세 번 되풀이한다.

효과 포인트 : 즐기는지 확인한다.

후각 IS법

준비물 : 세 종류의 냄새 주머니

1. 냄새 주머니를 아기의 코에 왔다갔다한다.
2. "굉장히 좋은 냄새지?" 하고 말을 건다.

효과 포인트 : 한 종류의 냄새를 세 번씩 맡게 한다.

운동 IS법

1. 아기를 요 위에 세우고, 가슴을 잡고 다섯 번 정도 아래위로 움직이거나 서거나 앉게 한다.
2. 머리는 손으로 받히고 앉힌 상태에서 좌우 전후로 몸을 기울게 한다.
3. 위를 향해 눕힌 상태에서 일어나게 한다(다리나 엉덩이가 미끄러지듯).

Ⅰ

준비물 : 숫자나 문자를 그린 종이접시

1. 아기를 무릎 위에 안는다.

2. 종이접시를 얼굴에서 30㎝ 거리에서 보여준다.

3. 종이접시에 무엇이 그려져 있는지 아기에게 말한다.

4. 오른쪽 귀 방향으로 천천히 종이접시를 움직인다.

5. 아기 눈의 15㎝ 정도 높이에서 종이접시를 천천히 좌우로 움직인다.

6. 종이접시를 눈 높이로 되돌려 아기의 손가락을 쥐고 바깥쪽으로 더듬어 보게 한다.

효과 포인트 : 종이접시 외에 흑백이 분명한 장난감도 좋다.

Ⅱ

준비물 : 홀치기 편물로 만든 눈망울형 원(중심이 검은색의 이중 원)

1. 아기를 무릎 위에 안는다.

2. 홀치기 편물을 아기의 오른쪽 어깨로부터 15㎝ 뒤쪽에서 천천히 시야 안에 들여보낸다.

3. 얼굴 정면까지 홀치기 편물을 가져왔으면 위로 15㎝ 정도 들어올려 다시 원래대로 가져온다.

4. "이것이 눈망울 모양이야."라고 가르쳐준다.

5. 아기의 손을 들어 안쪽의 원, 바깥쪽의 원을 차례로 더듬어보게 한다.

효과 포인트 : 홀치기 편물을 눈으로 따라가는 것에 의해 목 근육의 트레이닝이 된다.

I

준비물 : 온몸을 비출 수 있는 거울

1. 거울에서 25㎝ 정도 떨어뜨려 엄마가 무릎을 세워 앉고, 벌린 무릎 사이에 아기를 앉힌다.

2. 몸의 각 부분을 쓰다듬으면서 이름을 말해준다.

효과 포인트 : 머리에서 다리로, 몸의 중심에서 바깥쪽으로 쓰다듬는다.

II

준비물 : 촉감이 다른 두 종류의 천

1. 아기를 알몸인 상태로 위를 향해 눕힌다.

2. 천을 사용하여 오른쪽 몸을 머리에서 발끝까지 쓰다듬는다.

3. 왼쪽 몸도 똑같이 쓰다듬고, 천을 바꾸어 되풀이한다.

효과 포인트 : 긴장을 푼 상태로 한다.

III

준비물 : 모빌

1. 아기가 두 손을 움직일 수 있도록 안고, 모빌에 매달아 놓은 것을 쥐게 한다.

2. 그 손 위를 엄마가 쥐고 더욱 강하게 쥐게 한다. 세 번 되풀이하여 쥐게 한다.

3. 30~60초 정도 아기의 손을 움직여 모빌을 두드리게 한다.

효과 포인트 : 먼저 아기가 모빌을 쥐었는지 확인한다.

청각 IS법

I

준비물 : 털실이나 끈을 꿰맨 방울

1. 아기를 위를 향해 눕히고 손목과 발목에 방울을 매달아준다.

2. 동요를 되풀이하여 듣게 한다.

3. 노래 가사 가운데 특정한 단어(예 : 코끼리)를 정해두고 그 단어가
나오면 방울을 울린다.

효과 포인트 : 자신의 손발에 관심을 갖게 하는 것이 중요하다.

II

준비물 : 글자나 숫자가 적힌 종이접시(15㎝ 크기의 글자를 1개 쓴다)

1. 글자를 가리키며 "이것이 '가' 야. 보이니?"라는 식으로 말한다.

2. 손가락으로 문자나 숫자를 따라 써본다.

효과 포인트 : 아기의 손에 잉크가 묻지 않도록 유성매직을 쓴다.

후각 IS법

준비물 : 박하향 에센스

1. 아기를 위를 향해 안는다.

2. 코에 박하향 에센스 병을 재빨리 스치듯 하여 냄새를 맡게 한다.

3. 아기의 표정이 변하면 "제일 재미있는 냄새지? 즐거운 표정을 짓네?
이 냄새를 좋아하니?"와 같은 방법으로 말을 건다.

4. 엄마의 코에도 스치듯 대보고, "굉장히 좋은 냄새야."라고 표정이 풍
부하게 말을 건다.

5. 다시 한 번 냄새를 맡게 하고, "이것이 박하향이란다."라고 말해준다.

효과 포인트 : 표정의 변화를 주의깊게 살핀다. 박하향 에센스 외에는 시
나몬·코코넛·아몬드 에센스나 파인주스 등이 좋다. 30초면 충분히 할
수 있다.

 운동 IS법

준비물 : 목욕 수건

1. 목욕 수건을 말아 그 위에 아기를 엎드리게 한다.

2. 얼굴에서 15cm 정도 떨어뜨려 장난감을 보인다.

3. 수건을 앞으로 조금씩 굴려 아기가 장난감에 닿을 수 있게 한다.

4. 장난감에 닿으면 뒤로 굴려서 조금 떨어지게 한다.

5. 이것을 몇 번 되풀이한다.

효과 포인트 : 손을 뻗어 장난감을 만지려고 하는지 살펴본다.

아기는 운동 자극을 매우 좋아한다

생후 3개월째의 성장 하이라이트는 보거나 듣는 것에 맞추어 아기가 자기의 머리나 팔을 움직일 수 있게 되는 것이다. 그러기 위해 아기의 동작은 한층 더 활발해진다.

손이 닿는 장난감은 닥치는 대로 입에 집어넣거나 가슴에 비벼댄다. 장난감에 대해 좋아하고 싫어하는 것이 뚜렷하게 나타나게 되는 것도 이 무렵이다.

전체적인 몸의 움직임도 균형이 많이 잡혀 한 손으로 몸을 지탱할 수 있게 된다. 옆으로 구르는 것보다 상하로 움직이는 것을 더 좋아하게 된다. 엎드려 재울 때에도 두 손으로 상체를 지탱하여 가슴을 바닥에서 90도 정도까지 들어올리는 아기도 있을 것이다.

노는 방법도 적극적인 자세가 나오게 된다. 혼자서도 충분히 짜증을 내지 않고 놀게 되면 놀이에 대한 기쁨이나 열의는 한층 높아진다. 또한 꼭 움켜쥐었던 주먹도 완전히 펴게 되고, 물건을 쥐거나 흔드는 것도 매우 능숙해진다.

이 무렵의 아기에게 알맞는 장난감으로는 소리가 나거나 어떤 변화를 일으키는 것을 택하도록 한다. 귀나 눈, 살갗 등 여러 가지 감각을 동시에 자극해주기 의해서이다.

아기의 눈과 손의 움직임에 조화를 취하는 데 도움이 되는 방법을 소개한다.

- 손 장갑이나 편물 양말을 신겼다 벗겼다 하면서 놀아준다.
  아기의 한쪽 발을 써서 다른 발에 신긴 양말을 벗기도록 시키면 좋다.
- 아기의 손가락을 보온병, 커피 따위를 넣는 통, 두루마리 화장지 등에 접촉시켜 본다.
- 씻은 탁구공, 천조각을 뭉친 것, 천이나 고무로 만든 링, 딸랑이, 4분의 1로 자른 당근 조각 등 작은 장난감을 쥐어준다.
  단 이것들을 아기에게 쥐어준 채 눈을 떼어서는 안 된다.
- 아기가 뭔가 쥐고 있을 때 손등을 가볍게 두드려 가지고 있던 것을 놓게 해준다.

자신의 몸을 물어뜯는 것은 성장한다는 증거이다

생후 3개월째는 시야가 한층 넓어진다.

이미 자기 손을 바라보고 있는 것만으로는 만족하지 못해 온몸 구석구석을 쳐다보게 된다. 이때에야 아기는 자기 몸에 여러 가지 부분이 붙어 있는 것을 알게 되는지도 모른다. 필사적으로 자신의 발을 깨물려고 하는 것도 이즈음부터이다.

'이런! 내 몸이 이렇게 멀리까지 있었나? 아니, 이 길고 이상한 모양의 것을 입에까지 가져올 수 있군. 이것 역시 내 몸의 일부구나. 나에게는 어떤 냄새가 나는 걸까? 어떤 맛이 날까?' 등의 생각을 하고 있는지도 모른다.

자기의 몸이라면 장난감처럼 삼켜버릴 걱정은 없으므로 좋아하는 대로 깨물게 해도 괜찮다. 이런 것도 아기의 성장 과정에서는 소중한 경험이 된다. 자기 몸이 어디까지 있는지 확인하는 것과 동시에 자기와 자기 이외의 사물을 구별하는 경제를 알 수 있기 때문이다. 이렇게 해서 자기라는 존재를 분명히 이해하게 되는 기회가 된다.

자기의 몸과 세계와의 경계선을 알기 위한 중요한 트레이닝으로는 다음과 같은 방법이 있다.

- 아기를 안아올려 주었을 때, "아빠가 샛별이를 안아주고 있단다."라는 등의 말을 하며 아기의 주의를 자기 몸 전체로 향하게 한다.
- 아기에게 가능한 한 소리를 내게 하여 자신의 목소리를 듣게 해준다.
- 당신의 몸을 여러 가지 포즈로 움직여 아기에게 보여준다.
- 거울 앞에서 장난감(예를 들어 팬더의 봉제완구 등)을 아기에게 보여준다. "자, 봐. 팬더가 샛별이 위에 있네. 이번에는 팬더가 샛별이 밑에 있어. 저런, 이번에는 팬더가 샛별이 옆에 왔네." 등의 말을 해준다.

_몸의 움직임 법

생후 2개월까지는 어느 아기나 왼쪽 몸보다 오른쪽 몸이 민감하다. 오른쪽에 비해 왼쪽이 둔해 자기 몸에 왼쪽이 있다는 사실조차 모르는 아기도 있을 정도이다. 하지만 3개월째부터는 왼쪽 몸도 민감해지게 되고 동시에 손도 자기 마음대로 움직이기 시작한다. 그러므로 장난감을 쥐어줄 때는 될 수 있는 대로 양쪽 손에 평등하게 나눠주어 한쪽 손이 비지 않게 해준다.

또한 무리하게 잘 드는 손을 만들어주려고 하는 것은 좋지 않다. 양쪽 손에 평등한 기회를 주어 어느 쪽을 잘 쓰는 손으로 하는지는 아기의 선택에 맡기도록 한다.

몸을 움직이는 데 좋은 방법을 소개하면 다음과 같다.

- 아기가 엎드려 잘 때, 발바닥을 밀어 앞으로 나아가게 한다. 이때 찰과상을 입지 않도록 주의한다.
- 아기를 받들어 천천히 좌우로 기울어지게 한다.
- 아기의 손이나 발을 입가에 가져가 물게 한다.
- 아기가 자고 있을 때, 목욕 수건을 둘둘 말아 발 근처에 놓고 그것을 뒤로 밀며 걷어차면서 앞으로 나아갈 수 있도록 한다.
- 아기용 의자에 앉혀 놓고 재미있어 보이는 장난감, 즉 쥐 모양의 봉제 완구 따위를 아기의 얼굴 왼쪽 방향으로 천천히 움직여준다.

적극적인 아이로 키우는 칭찬법의 비밀

아기가 물건에 손을 내밀거나 닿거나 쥐거나 할 때는 설사 실패를 해도 친절하게 칭찬해준다. 다시 한 번 해보려는 의욕을 아기에게 심어주기 위해서이다.

칭찬해주는 방법은 손뼉을 쳐도 좋고 미소를 짓거나 웃어주어도 좋다. 분명히 말로 칭찬해주는 것도 좋다.

어쨌든 말이나 몸짓 등 커뮤니케이션의 수단을 모두 이용하면 엄마의 기분은 틀림없이 아기에게 전해진다.

그렇게 되면 아기는 자신이 뭔가 대단히 좋은 일을 했다는 것을 알아채게 된다. 아기를 칭찬하기만 하면 어리광쟁이, 게으른 아이로 만들게 된다고 말하는 사람도 있지만 반드시 그렇다고 할 수는 없다.

많은 자료에서 볼 수 있듯이, 엄마에게 충분히 칭찬을 받거나 평가되고 격려를 받은 아기일수록 적극적인 아이로 자란다는 것을 알 수 있다.

다만 칭찬해주는 데도 방법이 있으므로 아무렇게나 마구 칭찬하면 안 된다.

기어다닐 수 있게 되면 다음에는 뒤뚱뒤뚱 걷게 되는 새로운 목표가 생기게 된다. 그것을 하나하나 새롭게 배워나가는 과정에서의 칭찬법으로 다음 규칙을 기억해두면 좋을 것이다.

- 뭔가 새로운 동작(예컨대 기기 시작하는 것)을 익히려고 할 때는 그 과정의 아주 작은 노력에도 칭찬해준다. 만약 실패를 하더라도 노력한 자세를 인정해준다.
- 그 동작을 훌륭하게 해낸 경우에는 성공했을 때만 칭찬해준다. 아기를 제대로 계속 칭찬해주면 생후 11개월째 정도에는 뭔가에 성공했을 때 아기는 자기 스스로에게 박수를 치게 될 것이며 만족감을 얻게 된다. 또한 칭찬받는 것으로 아기는 자신감과 자존심이 싹트게 된다.

다음에는 3개월째 된 아기에게 알맞는 IS법을 설명하기로 하겠다. 하나의 게임은 1분 정도면 충분하다.

아기가 자고 싶어하지는 않는지, 싫증을 내지는 않는지 살펴보면서 행하도록 한다.

▶ 자기 몸을 깨무는 것은 중요한 성장 과정의 하나이다
아기는 손발을 깨물면서 자기의 존재를 알게 된다.

3개월째의 아기에게

시각 IS법

준비물 : 모빌

1. 아기를 침대나 어린이용 의자에 앉힌다.

2. 아기가 만질 수 있는 위치에 모빌을 가져다준다.

3. 2분쯤 마음대로 놀게 한다.

효과 포인트 : 손을 내밀거나 노는 것을 살펴본다.

촉각 IS법

준비물 : 아기 침대에 매달아 놓을 수 있는 링 같은 장난감

1. 아기를 위를 향해 눕히고 손이 닿는 위치에 2개의 링을 매단다.

2. 붙잡을 때까지 링을 아기 쪽에 가까이 가져간다.

3. 붙잡으면 "떠민다."고 말하며 링을 떠밀고, "당긴다."고 말하고 당긴다.

4. 링에서 손을 떼게 한다.

효과 포인트 : 쥐거나 당기는 것을 살펴본다.

청각 IS법

준비물 : 신문지

1. 아기를 안고 천천히 약간 과장되게 신문을 읽는다.

2. 읽는 사이사이에 아기의 이름을 몇 번씩 부르며 자꾸 말을 건다.

효과 포인트 : 아기의 발성법, 손을 내미는 것에 주의를 기울인다.

운동 IS법

준비물 : 베개, 장난감

1. 아기를 베개에 엎드리게 한다.

2. 45도까지 몸을 들어올린 다음 천천히 내린다. 손은 흔들거리게 한다. 세 번 되풀이한다.

3. 아기를 들어올리고, 베개 위에 장난감을 놓아둔다.

4. 장난감에 겨우 닿을 수 있는 곳까지 몸을 내려 세 번 닿을 수 있게 하고 쥘 수 있는 곳까지 몸을 내린다.

효과 포인트 : 손을 뻗거나 쥐는 훈련이 된다.

후각 IS법

준비물 : 요리

1. 아기를 의자에 앉히고 금방 만든 음식 냄새를 맡게 한다.

효과 포인트 : 맛있는 냄새가 나는 요리를 선택할 수 있다.

준비물 : 아기가 쉽게 안을 수 있는 작고 가벼운 동물 장난감(귀엽고 재미있어 보이는 것을 선택한다.)

1. 아기용 의자에 앉히고 장난감을 쥐게 한다.

2. 그대로 아기의 팔을 붙잡은 상태에서 앞쪽으로 펴게 하고 몸의 정면에서 손을 흔들어준다.

3. 팔을 상하 좌우로 천천히 움직여준다.

효과 포인트 : 장난감의 움직임을 눈이 착실하게 따라가는지 확인한다.

촉각 IS법

준비물 : 흔들면 소리가 나는 작고 가벼운 동물 장난감

1. 아기용 의자에 앉히고 장난감을 한 손으로 쥐게 한다.

2. 장난감을 갖고 있는 손을 흔들어주어 소리를 내게 한다.

3. 한번 장난감을 놓치게 한 다음 다시 쥐게 한다. 이번에는 장난감의 다른 부분(귀 등)을 쥐게 한다.

4. 다시 한 번 장난감에서 손을 떼게 하고 이번에는 몸의 정면에서 두 손으로 장난감을 쥐게 한다. 그리고 자유롭게 놀게 하면서 살펴본다.

효과 포인트 : 장난감을 쥐는 방법이 능숙해지는지 아기의 행동 변화를 잘 지켜본다.

# 청각 IS법

Ⅰ

준비물 : 흔들면 소리가 나는 조그만 동물 장난감

1. 아기를 안아올려 장난감을 쥐게 하고 팔을 가볍게 흔들어준다.

2. 조금 흔들었다가 쉬고, 또 조금 흔들었다가 쉬는 것을 1분 정도 한다.

3. 장난감이 내는 소리에 맞추어 동요나 자장가를 불러준다.

Ⅱ

준비물 : 동요책

1. 아기를 안아올려 상냥하게 흔들면서 동요를 불러준다.

2. 흔들의자가 있으면 그곳에 앉아 흔들어주면 좋다.

효과 포인트 : 아기가 어떤 목소리를 내는지 잘 듣는다.

후각 IS법

Ⅰ

준비물 : 비비면 냄새나는 그림책

1. 아기를 무릎 위에 올려안고 그림책을 3분 동안 읽어준다.

2. 여러 가지 냄새를 맡게 하면서 그림 설명을 해준다.

효과 포인트 : 아기가 어떻게 목소리를 내는지 살펴본다.

준비물 : 바나나, 오렌지, 또는 달콤한 냄새가 나는 제철 과일

1. 아기를 무릎 위에 앉히고 과일을 아기의 코밑을 슬쩍 가로지르게 하여 냄새를 맡게 한다. 같은 과일을 세 번씩 모두 30초 정도 되풀이한다.

운동 IS법

I

1. 아기를 세운다. 양쪽 겨드랑이 밑에 손을 넣고 가슴을 끌어안듯이 부축해준다. 두 발에 자기 체중을 어느 정도 느끼도록 해준다.

2. 아기의 몸을 좌우로 45도쯤 기울게 한다. 이것을 세 번 되풀이한다. 앞뒤로 45도 각도로 기울어지게 한다. 이것도 세 번 되풀이한다.

3. 아기의 몸을 조금 들어올려 바닥에서 발을 떨어지게 한 다음, 천천히 내려놓아준다. 자기의 체중을 발바닥에 느끼게 한다.

4. 아기를 든 채 앞으로 세 발짝, 뒤로 세 발짝 걷게 한다. 이것을 세 번 되풀이한다.

효과 포인트 : 기울어졌을 때, 아기의 머리가 움직이지 않도록 주의한다.

II

1. 아기의 몸 아래에 손을 넣어 팔꿈치가 굽혀진 곳에서 안아 3cm 정도 들어올린다. 그 상태에서 상하, 좌우, 전후로 돌아 각기 세 번씩 움직여준다. 움직일 때마다 "이번엔 오른쪽이다." 등의 말을 한다.

_대뇌의 성장을 돕는 손가락 훈련

자기 주위의 물건이나 사람에 대해 본격적으로 배울 준비가 갖추어지는 것은 생후 4개월째이다.

아기는 자신이 다른 사람과 다른 존재라는 것을 희미하게 알기 시작한다. 아빠나 엄마, 장난감은 도대체 어떤 것일까, 자기와 어떤 관계가 있는 것일까, 등에 흥미를 갖기 시작한다.

이제부터는 장난감이나 사람이 보이지 않게 되어도 영원히 없어지는 것은 아니라는 것을 가르쳐주어야 한다. 그것만 이해되면 아기의 기분은 매우 편안해진다. '마음에 드는 장난감이나 엄마가 갑자기 없어졌다. 어떻게 하나.' 등의 걱정을 할 필요가 없어지기 때문이다. 그러나 같은 물건이 없어지지 않고 몇 번씩이나 나타난다는 것은 이제까지의 게임을 통해 어느 정도 의식하게 되었을 것이다.

예를 들어, 장난감을 각도나 방향을 바꾸어 보여주었다고 하자. 어느 각도에서 보아도 같은 장난감이라는 것을 아기는 알아채게 된다. 뒤에서 보아도 앞에서 보아도 아빠와 엄마는 역시 멋진 사람들이라는 사실도 알게 된다.

물건과 사람이 없어지지 않고 항상 존재한다는 것을 가르치는 데 가장 효과적인 놀이는 '찾았다'이다. 나중에 시각 게임에서 이 놀이 방법에 대해 자세히 설명하기로 하겠다.

아기가 장난감에 손을 내밀 때의 모습을 살펴본다. 이미 손가락은 완전히 펴져 있다. 하지만 손을 지나치게 펴서 장난감을 헛 쥐는 빈 동작도 많이 하게 된다.

아기는 손을 쓰는 방법은 알고 있지만 손을 편 것을 어디서 멈추어야 하는지 잘 모른다. 되풀이해서 손가락을 사용하는 연습을 시키도록 한다. 차츰 자기의 손가락 길이를 짐작하게 되고 손가락을 움직이는 세밀한 방법도 익히게 될 것이다.

손가락을 움직이는 데 따라 대뇌가 자극되고 뇌의 성장이 촉진된다는 것은 잘 알려져 있다. 이 시기의 아기에게는 다음과 같은 방법이 좋다.

- 15cm의 밝은 색 편물 실을 아기의 열 손가락에 한 가닥씩 동여매준다.
- 아기의 손을 잡아 손가락으로 모빌이나 체크 무늬 보드, 그리고 포스터의 구도를 본뜨듯이 그려 보인다.
- 헬륨이 든 풍선과 아기의 집게손가락을 15cm의 끈으로 연결해 5분 동안 놀게 한다.

_생후 4개월째는 왜 나무토막 쌓기 놀이가 좋은가?

이 무렵에는 보는 능력도 매우 발달해 있다. 자기 앞에 놓인 물건을 보았을 때는 양쪽 눈의 초점이 한 점에 모이게 되어 시각 게임의 효과는 한층 높아진다. 시야도 넓어져 방안에 있는 것을 모두 볼 수 있게 된다. 이제부터 배울 것은 '공간' 의식이다.

장난감을 가진 손을 아기 쪽에서 쭉 펴보이거나 방안 끝 쪽에서 아기 쪽으로 다가가 보게 한다. 이것은 아기에게 공간 개념을 가르쳐주는 좋은 방법이다. 아기도 자기 팔을 뻗어 장난감을 잡으려고 할 것이다. 그것을 자기 몸 쪽에 끌어당기는 것만으로도 공간 개념을 익히는 데 도움이 된다. 생후 4개월째는 나무토막 쌓기 놀이를 시작하기에 가장 좋은 시기이다. 이 놀이를 통해 아기는 공간 속에서 하나의 물건이 다른 물건과 어떤 관계를 갖고 있는지 알게 된다. 예를 들어 큰 것 위에 작은 것은 쌓아올릴 수 있지만, 그 반대는 불가능하다는 것을 이해하게 된다.

쌓아올리는 장난감은 모양은 같고 크기가 다른 것을 여러 개 준비한다. 같은 모양의 나무토막이나 부엌용 밀폐 용기라도 상관없다. 엄마가 먼저 쌓아올리는 본보기를 보여주도록 한다. 이 놀이는 쌓아올려가는 과정과 완성된 뒤 무너지는 것이 포인트이다. 물건이 놓여 있던 위치가 바뀌지만 아직 눈앞에는 있으므로 이런 변화가 아기에게는 신선하고 흥미 있는 놀이가 된다.

아기와 함께 나무토막 쌓기를 하며 무너질 때까지 높이 쌓아올리고, 무너지면 다시 처음부터 쌓아간다. 아기가 잘 쌓아올리지 못하면 무너뜨리는 것만 시킨다.

큰 것 속에 작은 것을 차곡차곡 챙겨 넣는 놀이도 있다. 이것도 쌓아올리기 놀이와 마찬가지로 아기에게 공간의 의미를 가르쳐주는 데 매우 효과적이다.

생후 4개월째부터는 엄마가 돌봐주는 것은 물론 장난감을 주어 혼자 놀게 하는 것도 좋다. 시간은 한번에 15~20분 정도가 좋다. 아기에게 전부터 가지고 놀던 장난감 두 개와 낯선 장난감 한 개를 주어 자유롭게 선택하게 한다.

이때 장난감을 새로 살 필요 없이 가정에 있는 극히 평범한 물건을 사용한다. 즉 구두 상자, 다 쓴 화장지 롤러, 풍선(끈이 달려 있지 않은 것), 파우더 퍼프, 계량용 스푼(몇 개의 스푼이 붙어 있는 것), 그 밖에 아기가 입에 넣을 염려가 없는 것을 선택하고 놀아주는 동안은 아기에게서 눈을 떼지 않도록 한다.

청각 IS법

1. 아기를 위를 향해 눕게 한다.
2. 보이지 않는 곳에서 갑자기 일어서면서 "찾았다!"고 말한다.
3. 장소를 바꾸어 1분 동안 여러 번 되풀이한다.
효과 포인트 : 아기가 관심을 보이지 않으면 그만둔다.

시각 IS법

준비물 : 침대에 매달 수 있는 장난감
1. 아기가 잘 때 침대에 장난감을 매달고, 잠을 깨면 자유롭게 놀 수 있도록 한다.
효과 포인트 : 스스로 놀고 싶은 마음이 들게 한다.

운동 IS법

준비물 : 마음에 드는 장난감
1. 아기를 무릎 위에 앉히고 손으로 테이블을 두드려본다.
2. 30초 동안 아기에게 테이블을 두드리게 한다.
3. 아기의 손과 발이 닿는 범위에 장난감을 놓고 붙잡게 한다.

촉각 IS법

준비물 : 새의 깃털, 테이프, 스펀지, 셀로판 랩 등

1. 무릎 위에 아기를 앉힌다.
2. 준비한 물건을 아기 앞에 늘어논다.
3. 1분 동안 자유롭게 놀게 한다.
4. 여러 가지 물건을 쓰다듬게 하고, 그 감촉을 설명해준다.

효과 포인트 : 손가락의 움직임을 본다.

후각 IS법

준비물 : 바나나, 오렌지, 달콤한 냄새가 나는 제철 과일

1. 아기를 무릎 위에 앉히고 코에 과일을 스쳐 지나가게 하여 냄새를 맡게 한다.

2. 과일마다 세 번씩 30초 정도 되풀이한다.

효과 포인트 : 아기의 표정 변화를 살펴본다.

준비물 : 아기용 담요(타월케트 등), 팬더 등 마음에 드는 봉제완구 '찾
았다' 놀이를 내용을 바꾸어가며 1개월 동안 실시한다.

1주째

1. 봉제완구의 일부(손이나 발)만 담요 밑에 숨기고, "팬더는 어디 갔을
까. 저런 없어졌네. 어디 있을까?" 등 팬더를 찾는 시늉을 하면서 봉제
완구가 있는 곳을 묻는다. 그리고는 "아아. 여기 있구나!"하고 찾아낸
시늉을 한다. 그런 다음 아기의 눈을 엄마의 손으로 가리고 똑같이 '찾
았다'를 해준다.

2주째

1. 봉제완구를 머리만 보이도록 하고 담요 밑에 숨긴 다음, 1주째와 똑
같은 방법을 되풀이한다.

2. 두 손으로 당신의 입, 코, 귀를 숨기고 '찾았다'를 한다.

3. 아기의 두 다리를 담요 밑에 숨기고 그것을 찾는 시늉을 하며 "이런,
샛별이 다리가 어디 갔지? 어디 있을까? 담요 아래에 있을까?"라고 말
하며 담요를 더듬고는 과장되게 찾아낸 시늉을 한다.

3주째

1. 봉제완구 전체를 담요 밑에 숨긴다. 단 그 부분만 불쑥 튀어나오게
해둔 다음 1주째와 똑같이 놀아준다.

2. 아기의 얼굴에 가볍게 담요를 씌우고, "이런, 샛별이 얼굴이 보이지 않네. 하지만 어디 있는지 알지. 여기 있다!"라며 담요를 젖힌다.

3. 봉제완구보다 큰 종이를 사용해 봉제완구를 보였다 숨겼다 하며 "팬더가 여기 있다(팬더를 종이로 숨긴다). 이런, 어디로 가버렸네. 어디 있을까(종이를 치운다). 앗! 팬더가 또 나왔다!"라고 한다.

4주째

1. 이야기하면서 조금씩 아기로부터 멀어져, 보이지 않는 곳까지 나갔다가 다시 아기에게 다가간다. 그동안에도 줄곧 아기와 말을 한다.

효과 포인트 : 아기가 즐거워하는지 살펴본다.

촉각 IS법

I

준비물 : 촉감이 다른 네 종류의 천

1. 아기의 손이 닿는 위치에 천을 놓아두고 자유롭게 놀게 한다.

효과 포인트 : 스스로 노는 것을 가르친다. 천을 입 속에 넣지 않도록 주의한다.

II

준비물 : 파일지의 수건

1. 아기를 알몸으로 눕힌다. 파일지의 수건으로 몸을 쓰다듬어 올린다.

2 쓰다듬는 방향은 앞에서와 같다.

III

준비물 : 집에 있는 물건(탁구공, 나무 스푼, 약간 큰 플라스틱 컵이나 가방 등 안전하다면 어떤 것이라도 좋다.)

1. 의자에 앉아 아기를 무릎 위에 앉힌다.

2. 눈앞에 준비한 여러 가지 물건을 늘어놓고 그것을 하나씩 플라스틱 컵이나 가방 속에 넣는다.

3. 그 컵(또는 가방)을 아기에게 건네주고 마음껏 2분 동안 놀게 한다. 뭔가를 입에 넣지 않도록 주의한다.

효과 포인트 : 스스로 놀고 싶은 기분이 되도록 해준다.

청각 IS법

I

준비물 : 딸랑이

1. 아기를 요에 엎어서 눕힌다. 머리 뒤에서 딸랑이를 울려준다.

2. 다음에 오른쪽 뒤에서 딸랑이를 울려준다.

3. 왼쪽 뒤에서도 똑같이 한다.

효과 포인트 : 딸랑이를 찾아내려고 몸을 비트는 모습을 관찰한다. 소리가 어디서 나오는지 알게 되고, 근육의 움직임의 균형이 잡히는 훈련이다.

Ⅱ

준비물 : 흔들의자. 20×20㎝의 흰 카드에 적힌 글자나 숫자
(글자는 1장의 카드에 1자씩. 크기는 약 8㎝)

1. 아기를 안고 흔들의자에 앉는다.

2. '가'에서 '마'까지의 글자, '1'에서 '5'까지의 숫자가 쓰여진 카드를
한 장씩 보여주면서 다섯 번씩 읽어준다.

3. 손가락으로 더듬어간다.

4. 숫자는 "한 사람, 두 사람, 세 사람 왔습니다."라고 인디언 노래를 가
르치는 것도 좋다. 1, 2분 동안 한다.

효과 포인트 : 글자나 숫자를 가르쳐준다. 소리내는 법, 손가락 내미는 모
습 등에 주의한다.

운 동 IS법

준비물 : 아기용 모포, 3개의 장난감(2개는 이전에 보여준 적이 있는 것.
나머지 1개는 처음 보는 것을 택한다)

1. 아기를 담요 위에 엎드려 눕힌다. 손이 닿는 곳에 3개의 장난감을 놓
고 1, 2분 동안 자유롭게 놀게 한다.

2. 위험한 일을 하지 않는지 살펴보면서 가능한 한 상관하지 않는다.

효과 포인트 : 이제까지 보이지 않았던 예상 밖의 움직임이나 놀이를 하
고 있는지 살펴본다.

6개월·1년·아기의 대뇌는 완벽하게 완성된다

_혼자 노는 놀이로 기억력을 키운다

생후 5개월째 된 아기는 이 세상을 살아가는 데도, 자기의 힘에도 완전히 자신감을 갖게 된다.

함께 놀아준 엄마 아빠의 도움으로 장난감을 능숙하게 다루게 되었을 것이다. 몸을 어느 정도 마음먹은 대로 움직이게 되었고 자기에게 의지가 있다는 것도 알게 되었다. 마음에 드는 장난감을 빼앗으면 몸부림치거나 울며 소리 지르기도 할 것이다.

이제부터 한 달 동안은 아기를 좀더 자신만만하게 해주는 IS법 게임이 필요하다.

예를 들어, 게임을 계속할지 그만둘지를 결정하는 힘이 아기에게 있다는 것을 가르쳐주도록 한다.

쌓아올리기 놀이, 맞추어 넣기 놀이는 5개월째의 아기에게도 매우 중요하다. 쌓아올리거나 무너뜨리는 놀이로 눈앞의 세계를 바꾸는 힘이 자기에게 있다고 생각해 자신감이 생기기 때문이다.

이 무렵의 아기는 기억력도 싹트기 때문에 7~9초 전에 일어난 일은 기억할 수 있다.

예를 들어, 모빌 따위에 매달려 있는 공이 갑자기 아기의 눈앞에서 사라졌다고 하자. 그것이 9초 이내에 다시 돌아오게 되면 아기는 공이 나타나는 것을 짐작해 대비할 수 있다.

혼자 노는 시간은 점점 소중해지고 기억력도 발달하며 다음에는 무슨 일이 일어날 것이라는 호기심과 스스로 모든 것을 결정할 수 있는 힘도 커진다.

이 무렵에 아기는 한 번에 15분 정도는 혼자 즐겁게 놀 수 있는 능력이 있다. 장난감을 몇 개 놓아주어 자유롭게 놀 수 있도록 해준다.

다만 자유롭게 놀게 한다고 하여 아기를 혼자 내버려두면 안 된다. 위험한 일이 발생하지 않기 위해서도 감시는 항상 필요하다.

여기서 말하는 '자유'의 의미는 엄마가 참견하거나 시중을 들지 않고 아기 스스로 좋아하는 방법으로 놀 수 있게 해주는 것이다. 다만 적절할 때 칭찬을 해주는 것은 아기의 즐거움이나 자신감을 한층 더 높여줄 것이다.

이때 알맞는 장난감은 다음과 같다.

- 수평, 수직 등 어느 방향으로도 자유롭게 움직이는 모빌
- 삑삑 소리를 내는 장난감
- 흔들면 소리나는 간단한 장난감

　세게 흔들었을 때와 약하게 흔들었을 때의 소리의 차이를 아기에게 이해시키도록 한다.

같은 모양의 소리나는 장난감 상자를 색깔이 다른 것으로 3개쯤

준비하는 것도 좋다. 보기에는 다르지만 같은 종류라는 것을 아기에게 가르치기 위해서이다.

아기는 마음이 내키는 대로 행동하고 갖가지 행동을 보이게 된다. 그에 대해 엄마는 언제나 한결같은 태도로 대하도록 한다.

예를 들어, 아기가 소리를 냈을 때의 대답을 정해두고 언제나 똑같이 대답해주도록 한다. "엄마!" 하고 아기가 말하기 시작하면 언제나 "그래, 엄마다."라고 대답하도록 한다.

'내가 이 소리를 내면 엄마는 언제나 같은 말을 한다. 다른 소리를 냈을 때는 엄마는 다른 말을 한다' 하고 아기는 생각할 것이다. 이러한 경험은 아기에게 부모에 대한 믿음을 심어주게 된다. 이 신뢰감을 더욱 굳게 하려면 아기와의 스케줄을 착실하게 지키는 것이 중요하다.

_5개월째의 중요 생활 체크법

생후 5개월째에는 부모와 아기의 생활 계획표를 수행해야 하는 시기이다.

먼저 엄마의 생활 계획을 점검해본다. 자기 시간을 즐기고 여유 있는 나날을 보내고 있는지, 아기에게 지나치게 시달리고 있지는 않은지 생각해본다. 만약 생활에 만족하고 있지 못하다면 그 원인과 대책을 찾아내야 한다. 엄마가 생활에 만족한다면 다음은 아기의 생활을 점검해본다.

아기의 생활 만족도를 다음 3가지로 점검한다.

① 아기의 모습

아기는 행복해하는가. 만약 그렇다면 생활 방법을 바꿀 필요는 없다. 뭔가 문제가 있다면 생활 계획의 수립 방법 페이지를 다시 한 번 읽어본다.

② 생활의 기듬

아기의 하루는 갓 태어났을 때와는 많이 달라져 있다. 정신이 또렷한 시간은 한 번에 2시간 정도 계속되며 그것이 하루에 4번 정도 있다. 이런 패턴을 염두에 두고 아기의 모습을 관찰한다. 오후 2시부터 4시까지는 또렷한 정신으로 기분이 좋다는 것을 느낄 수도 있다. 또한 밤에 잠자는 시간은 10~12시간 정도로, 그 사이에 잠이 깬다면 그것은 배가 고플 때뿐이다.

③ 놀이의 질과 양

다음과 같은 기회가 충분히 아기들에게 주어지고 있는지, 부족한 부분은 없는지 생각해본다.

함께 놀아주거나 혼자 자유롭게 놀 수 있게 하는가? 아기에게 말을 걸어주고, 아기가 목소리를 낼 수 있도록 해주고 있는가?

▶ 혼자 놀게 하면 기억력이 좋아진다
5개월째에는 자유롭게 놀게 하는 것이 무엇보다 중요하다.

시각 IS법

준비물 : 보색 관계의 장난감이나 절반씩 색이 다른 공

1. 아기를 무릎 위에 앉히고 눈앞의 장난감을 하나씩 갖게 한다.
2. 장난감으로부터 손을 때어 보이지 않는 곳에 내려놓는다.
3. 공은 한쪽 면의 색만 보이게 한다.
4. 회전시켜 반대편 색을 보이고 손에 갖고 있게 한다.

효과 포인트 : 색의 차이에 흥미를 보이고 있는지 살핀다.

청각 IS법

준비물 : 20cm×20cm의 흰 종이

1. 아기를 유아용 의자에 앉혀 정면으로 서로 마주 향한다.
2. 얼굴을 종이로 가리고 뭔가 애기해 보라고 한다.
3. 소리를 내면 곧 뽀뽀를 해준다.
4. 2분 동안 되풀이한다.

효과 포인트 : 아기의 소리내는 방식에 주목한다.

촉각 IS법

준비물 : 담요와 가장 좋아하는 장난감

1. 아기를 바닥에 눕히고 조금 떨어진 곳에 담요를 깔고 장난감을 놓아둔다.

2. 담요를 당겨 장난감을 끌어당긴다. 본보기로 몇 번 해보이고 그 다음에 아기가 하게 한다.

효과 포인트 : 잡아당기는 동작이 가능한지의 여부를 살핀다.

운동 IS법

1. 아기를 무릎 위에 앉히고 마주본다.
2. 일어서는 자세까지 들어올린다.
3. 앉는 자세까지 내린다.
4. 다시 자세를 떨어뜨리고 보통 자세를 취하게 한다. 세 번 되풀이한다.

효과 포인트 : 능숙하게 자세를 잡는지 알아본다.

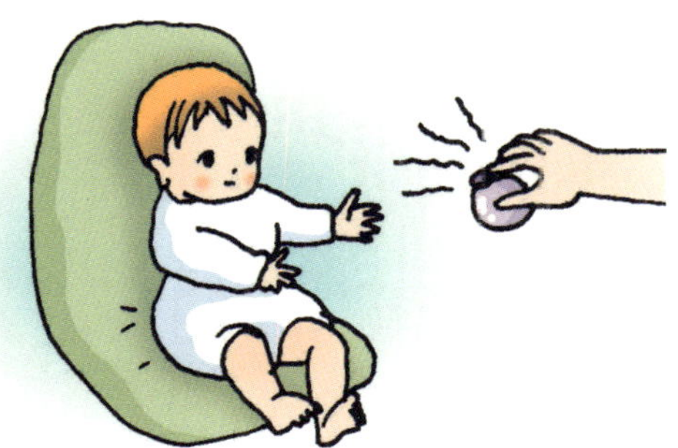

후각 IS법

준비물 : 시나몬 · 바닐라 등의 에센스

1. 지난 달과 똑같이 행한다.

효과 포인트 : 아기의 표정이 바뀌는지 살펴본다.

Ⅰ

준비물 : 온몸을 비추는 거울, 좋아하는 장난감 몇 개(플라스틱 컵처럼 안전하고 깨지지 않는 것)

1. 아기를 아기용 의자에 앉히고 손이 닿는 곳에 거울을 놓는다.

2. 장난감을 하나씩 건네준다.

3. 장난감에서 손을 떼는 것을 돕는다.

효과 포인트 : 거울 속으로 어떤 장난감이 떨어지게 되는지 보여준다.

Ⅱ

준비물 : 가장 좋아하는 장난감

1. 의자에 앉아 아기를 무릎 위에 앉힌다.

2. 장난감을 앞(테이블)에 놓고 아기의 몸을 좌우로 천천히 흔든다.

3. 똑같이 상하로 천천히 흔든다.

효과 포인트 : 자기의 몸은 움직이고 있어도 계속 장난감에 눈의 초점을 맞추는 훈련이다.

Ⅲ

준비물 : 사방 1cm의 체크 무늬를 그린 종이접시

1. 아기를 요 위에 엎드리게 한다.

2. 종이접시를 10cm 이상 얼굴 위로 가져간다.

3. 종이접시를 천천히 좌우로 움직인다.

효과 포인트 : 종이접시를 눈으로 따라가며 몸을 움직이는지 살펴본다.

촉각 IS법

I

준비물 : 아기가 가장 좋아하는 장난감

1. 의자에 앉아 아기를 무릎 위에 앉힌다.

2. 앞(테이블)의 장난감으로 자유롭게 놀게 한다.

효과 포인트 : 스스로 놀게 한다.

II

준비물 : 쥘 수 있는 장난감 4개

1. 의자에 앉아 아기를 무릎 위에 앉힌다.

2. 앞(테이블)의 손이 닿는 범위 안에 장난감을 늘어놓는다.

3. 두세 번 본보기를 보인 다음 장난감을 쥐게 한다.

효과 포인트 : 같은 동작을 어떻게 되풀이하고 있는지 살펴본다.

III

준비물 : 손잡이가 달린 플라스틱 컵

1. 의자에 걸터앉아 아기를 무릎 위에 앉힌다.

2. 앞(테이블)에 놓인 컵의 손잡이가 오른쪽에 오도록 놓는다.

3. 오른손으로 컵을 세 번 붙잡게 한다.

효과 포인트 : 처음에는 손가락을 완전히 펴고 붙잡으려고 하지단 되풀이하면 손가락을 조금 구부리고 붙잡기 쉬운 자세로 손을 펴기 시작한다.

I

준비물 : 가장 좋아하는 장난감과 연필, 방울

1. 의자에 앉아 아기를 무릎 위에 앉힌다.

2. 테이블에서 눈을 떼었을 때 방울을 울려 장난감을 눈앞에 내민다.

3. 또 눈을 떼었을 때 연필로 테이블을 두드려 장난감을 당겨 감춘다.
이것을 되풀이한다.

효과 포인트 : 방울의 소리가 장난감이 나오는 신호라는 것을 알게 된다.

II

준비물 : 플라스틱 컵 2개와 컵 1개를 숨길 수 있을 정도의 상자

1. 의자에 앉아 아기를 무릎 위에 앉힌다. 앞(테이블)에 2개의 컵을 놓
고 1개는 상자를 덮어 감춘다.

2. 쳐다보고 있는 컵을 가리키며 "이것은 컵이란다." 하고 평범한 목소
리로 가르쳐준다.

3. 상자를 치워 다른 컵을 찾아내고는 "어? 여기도 컵이 있네." 하고 놀
란 듯이 말한다. 이것을 세 번 되풀이한 다음 컵과 상자로 놀게 한다.

효과 포인트 : 목소리의 상태에 대한 변화를 배우게 된다.

III

1. 아기를 안고 음악에 맞추어 춤을 춘다.

2. 아기가 곡에 맞추어 소리를 내면 강하게 안아주거나 뽀뽀를 하는 등
칭찬을 하면서 좀더 소리를 낼 수 있도록 한다. 1, 2분 동안 계속한다.

Ⅰ

1. 아기를 요나 침대에 눕히고, 무릎을 천천히 구부려 상체에 가깝게 가져간 다음, 손을 무릎에 닿게 한다.

2. 다리를 편 채 상체 쪽으로 구부리고 발끝이 머리에 닿게 한다.

3. 발끝을 입에 넣을지도 모르므로 발을 깨끗하게 씻어준다.

효과 포인트 : 배 근육의 트레이닝이 된다.

Ⅱ

준비물 : 담요와 제일 좋아하는 장난감

1. 담요를 펴서 깔고 아기와 마주보이는 앞쪽 끝에 장난감을 놓는다.

2. 다리를 잡아 장난감 쪽으로 기어가도록 한다.

3. 장난감이 손에 닿으면 무릎을 꿇고 1분 동안 자유롭게 놀게 한다.

효과 포인트 : 근육이 얼만큼 강해졌는지 살펴본다.

Ⅲ

1. 아기를 위를 향하게 눕히고 두 다리를 붙잡고 자전거 페달을 밟는 것처럼 1분 동안 움직여준다.

효과 포인트 : 걸을 때를 대비한 다리의 근육 훈련이 된다.

▶ 불안감을 없애주면 두뇌의 성장이 빨라진다

마음의 문을 닫은 갓난아기를 달래는 것이 IS법의 과제이다.

▶ 갓난아기는 여린 색은 보지 못한다

흑백의 선명한 대비가 아기의 흥미를 끈다.

_엄마의 힘만으로 아기를 초유량아로 키운다

6개월째에는 여러 가지 물건을 분류하는 방법을 가르쳐준다. 모양이나 사용법이 같거나 다른 것을 구별할 능력을 키워주기 위해서는 여러 종류의 똑같은 물건이 필요하다.

아기에게 있어서 결코 간단한 게임은 아니므로 매일 끈기있게 되풀이해주어야 한다. 아기의 성장 과정을 관찰하면서 IS법 게임을 1, 2분 동안 실시한다.

나무토막 쌓기를 하도록 해주었지만 아기는 그것을 쌓아가는 것이 아니라 두드리거나 내던지거나 마구 흐트려 놓는 놀이를 시작할지도 모른다. 그렇다고 억지로 쌓아올리게 하는 것은 좋지 않다. 어른에게는 잘못하는 것으로 보여도 아기 스스로 놀이를 하며 즐기는 것이므로 존중해주어야 한다.

지난달에는 아기가 직접적인 힘을 사용하는 법을 가르쳤다. 담요를 잡아당긴다거나 소리를 내는 장난감을 쥐거나 하는 것을 기억하고 있을 것이다. 이번 달에는 간접적인 힘을 길러주는 데 힘을 기울인다.

예를 들어, 하나의 장난감을 사용하여 다른 장난감을 움직이게 하는 것을 가르치는 것이다. 꼬리를 잡아당겨 쥐 모양의 장난감 전체를 가까이 당긴다거나 담요를 들어올려 아래에 있는 봉제완구를 찾아내는 것도 간접적인 힘을 키워주는 데 좋은 방법이다.

아기는 목소리 등으로 엄마를 간접적으로 콘트롤하는 방법도 배워나간다.

감싸주기를 원할 때, 젖을 좀더 먹고 싶을 때, 안아올려주기를 바랄 때 등 자기의 요구를 호소하기 위해 아기는 괴로운 소리를 내거나 컵을 두드리거나 하게 된다. 그리고 자기 힘으로 무엇인가 이루어졌을 때 아기는 매우 기뻐한다. 어른에게는 사소한 일이지만 아기에게는 커다란 성공이다. 그것을 조금씩 쌓아나가도록 해준다.

물건에는 제각기 이름이 있다는 것을 가르쳐주는 게임도 이번 달부터 본격적으로 시작한다.

먼저 집안에 있는 아기에게 낯익은 물건부터 이름을 가르쳐준다. 아기용 담요나 의자, 팬더 장난감들이다. 담요를 보면서 "담요야, 잘 있었니?" 하고 말을 걸어준다. 이것을 되풀이하는 동안 이름 부른 것을 아기는 손에 들어보고 싶어할 것이다.

다음에 아기가 다른 장난감을 가지고 놀고 있을 때, "멍멍아!" 등 갑자기 소리내어 말해주면 아기는 멍멍이가 어디 있는지 찾으려는 듯 주위를 둘러볼지도 모른다. 아기가 이런 모습을 보이면 물건이 보이지 않게 되어도 없어진 것이 아니라는 것, 물건에는 각기 이름이 있다는 것을 이해하게 되었다고 생각해도 된다.

생후 6개월 정도가 되면 아기는 장난감을 빨아대지 않고 장난감을 갖고 놀기 시작한다. 이것은 빠는 것이 필요하지 않게 된 증거이다.

만약 생후 2년이 지나도 빠는 것을 멈추지 않는 아기가 있다 해도 무리하게 빨지 못하게 하는 것은 좋지 않다. 그러나 태어날 때부터 멋대로 빨게 내버려두면 6개월 정도 뒤엔 빨 것이 없어도 초조해하지 않게 된다.

빠는 것은 아기에게 큰 위안거리가 된다. 그것을 못하게 할 때는 아기의 쓸쓸한 마음을 풀어줄 다른 위안거리가 필요하다. 어떤 아기든지 자기가 가장 마음에 드는 장난감이 있을 것이다. 담요나 팬더라도 상관없다. 그것에 이름을 붙여 언제라도 아기와 함께 있도록 해준다.

잘 때는 침대 안에 넣어두고, 외출할 때에도 아기가 지닐 수 있게 해주는 것이 좋다.

시각 IS법

준비물 : 마음에 드는 장난감

1. 아기를 엎드리게 한다.

2. 눈앞 15cm 정도에 장난감을 두고 직경 15cm의 원을 그리듯이 장난감을 아기의 머리 위로 가져간다.

효과 포인트 : 장난감을 따라 아기의 머리가 회전하는지 알아본다.

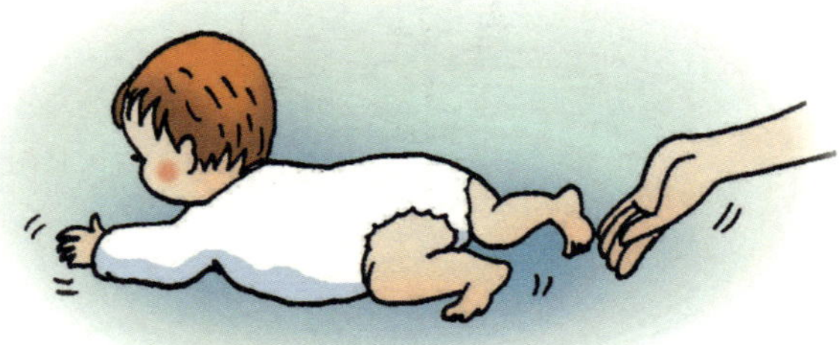

운동 IS법

1. 아기를 네 발로 기게 한다.

2. 발바닥을 살며시 밀어주어 앞으로 기어나가는 것을 도와준다.

효과 포인트 : 기는 방법을 알게 한다.

청각 IS법

준비물 : 딸랑딸랑 소리를 내는 장난감

1. 아기를 무릎 위에 앉힌다.

2. 귀의 높이에서 소리를 낸다.

3. 소리를 계속 내면서 장난감을 20㎝ 쯤 아래까지 움직인다.

효과 포인트 : 소리를 듣고 아래를 보는 지 살펴본다.

촉각 IS법

준비물 : 딱딱한 것 4개(나무토막 쌓기 등), 말랑말랑한 것 4개(솜, 공 등)

1. 아기를 똑바로 앉힌다.

2. 딱딱한 것을 하나씩 손에 쥐게 한 다. 그때마다 "이것은 나무토막이야. 딱딱하지?"라고 말한다.

3. 딱딱한 것을 눈앞에서 멀리 떨어뜨 린다.

4. 말랑말랑한 것도 똑같이 한다.

효과 포인트 : 물건의 촉감을 어느 정도 이해할 수 있는지 알아본다.

I

준비물 : 아기가 가장 좋아하는 장난감

1. 아기가 장난감을 보고 있을 때 장난감 이름을 세 번 말해준다.

2. 장난감으로부터 눈을 돌리면 다시 장난감의 이름을 말한다.

3. 장난감 쪽을 돌아보면 장난감을 건네준다.

효과 포인트 : 장난감의 이름을 얼마나 인식할 수 있는지 알아본다.

II

준비물 : 0.5㎝×0.5㎝의 바둑판 무늬

1. 아기를 젖먹이용 의자나 무릎 위에 똑바로 앉힌다.

2. 얼굴에서 30㎝ 떨어져 바둑판 무늬를 보여준다.

3. 바둑판 무늬를 오른쪽에서 뒤로, 왼쪽에서 뒤로 움직인다.

4. 바둑판 무늬를 앞에 두고 그것과 아기 사이에 책을 놓아둔다.

5. 책을 넘어 바둑판 무늬를 잡도록 유도한다.

효과 포인트 : 아기가 몸을 비틀듯이하며 바둑판 무늬를 움직인다.

III

준비물 : 두 가지의 같은 모양을 한 컵이나 상자, 건포도 약간

1. 테이블 위에 앉아 아기를 무릎 위에 앉힌다.

2. 하나의 컵에 건포도를 넣고 다른 컵에는 아무것도 넣지 않는다.

3. 두 개의 컵의 양쪽을 쥐게 해보고, 그것으로 자유롭게 놀게 한다.

효과 포인트 : 컵은 뚜껑이 있고 색이 각각 대조적인 것이 좋다.

I

준비물 : 마음에 드는 장난감, 젖먹이용 담요

1. 요 위에 앉아 앞에 담요를 펼치고 장난감을 담요 위에 놓는다.

2. 장난감을 갖기 위해 담요를 잡아당기는 방법을 보여준 다음 아기가 따라하도록 시킨다.

3. 아기가 담요를 당기기 시작하면 자꾸 지탱해준다.

효과 포인트 : 필요하다면 아기를 받들어 지탱해준다.

II

준비물 : 플라스틱 컵, 약간의 건포도(건포도는 먹지 못하게 한다)

1. 무릎 위에 아기를 안고 테이블에 앉는다.

2. 건포도가 들어 있는 컵을 주고, 건포도를 쏟으면 다시 넣어준다.

3. 이것을 되풀이하여 아기가 스스로 건포도를 줍도록 시킨다.

효과 포인트 : 집중력이나 관심이 오래 지속되는지 살핀다.

III

준비물 : 테이블보다 15㎝ 긴 끈, 적당한 크기의 장난감

1. 테이블에 앉아 아기를 무릎 위에 앉힌다.

2. 끈의 한쪽 끝을 장난감에 붙들어맨다.

3. 끈의 다른 끝을 손에 쥐고 장난감을 테이블 반대쪽에 늘어뜨린다.

4. 끈을 잡아당겨 장난감을 테이블 위로 올린다. 두세 번 해보인다.

5. 아기에게 세 번 정도 시키고, 즐거워하는 모습을 살펴본다.

Ⅰ

준비물 : 신문지, 흔들의자

1. 흔들의자에 앉아 아기를 안는다.

2. 의자를 흔들면서 신문을 읽어준다.

효과 포인트 : 아기가 신문을 따라 읽는 시늉을 내는지 살펴본다.

Ⅱ

1. 아기를 안고 집안을 돌아다닌다.

2. 집안의 여러 가지 물건의 이름을 가르쳐준다.

3. 동물 장난감이 있으면 그 울음소리도 흉내내준다.

효과 포인트 : 시계라면 '찰칵찰칵', 청소기라면 '그르릉' 등 소리를 흉내내며 가르쳐준다.

Ⅲ

준비물 : 부모나 아기의 이름을 쓴 카드

1. 아기를 위를 향해 안는다.

2. 각 카드를 천천히 세 번씩 읽는다.

3. 아기도 스스로 소리를 내려고 하면 칭찬해준다.

효과 포인트 : 글자나 숫자가 적힌 카드라면 무엇이라도 좋다.

Ⅰ

1. 아기를 아기 침대의 난간 가까이 엎드리게 한다.

2. 자기 스스로 몸을 일으키도록 한다.

3. 앉는 자세가 되도록 도와준다.

효과 포인트 : 마음껏 칭찬해준다.

Ⅱ

1. 의자에 앉아 무릎 위에 아기를 앉힌다(엄마의 가슴에 아기의 등이 오도록 하고, 아기가 앉을 공간을 만든다).

2. 팔을 위로 들어 3cm쯤 아기를 들어올린다.

3. 위아래, 왼쪽, 오른쪽, 앞뒤, 오른쪽으로 돌기, 왼쪽으로 돌기를 각각 세 번씩 흔들어준다.

효과 포인트 : 움직일 때마다 "이번에는 오른쪽이다." 등의 말을 하며 흔들어준다.

2

갓난아기 첫 365일

말을 빨리 가르치고 싶다 ①

비록 옹알거리는 말이더라도 반드시 대답을 해준다

아기에게 빨리 말을 배우게 하려고 아직 말도 하지 못하는 상태
에서 사물의 이름을 억지로 가르치려는 엄마가 있다. 그 열의는
대단하지만 아기가 말을 익히는 것은 어른들이 외국어를 배우는
경우와는 다르다. 중요한 것은 비록 아기지만 '이야기하는 기쁨'을
느끼고 무엇인가 말하고 싶어하는 의욕을 갖게 하는 것이다.

그렇게 하기 위해서는 아기가 옹알거리며 무엇인가 엄마에게
말을 붙여올 경우에는 반드시 대답을 해주어야 한다.

생후 2개월이 지나면 아기들은 무엇인가 옹알거리는 말을 하기
시작한다. 또 기분이 좋을 때는 혼자서도 옹알거린다. 게다가 아기
스스로 소리를 내는 것을 느끼게 되면 소리 내는 일에 재미있어
하며 즐거워한다.

물론 이러한 옹알이가 어떤 뜻을 가지고 있는 것은 아니다. 하지만 엄마를 향해 소리를 내고 있다면 엄마에게 무엇인가 말을 걸려고 하는 것이기 때문에 "그렇구나, 아가야 뭐라고 했니?"라고 부드럽게 미소를 지으며 대답해준다. 엄마의 반응에 따라서 아기는 또 한번 소리를 내보려고 노력하게 된다.

엄마가 미소 띤 얼굴로 대답해주는 것은 아기의 '이야기하는 기쁨'을 한층 북돋아주게 된다.

말은 빨리 가르치고 싶다② 

아기가 말을 하기 시작하면 만족감을 느끼게 해준다

아기의 언어능력을 발달시키기 위해서는 스스로 소리를 내고 싶어하며, 말하고 싶어하는 의욕을 갖게 하는 것이 가장 중요하다.

이것은 그다지 어려운 일이 아니다. 아기가 설령 말이 되지 않는 것을 중얼거리더라도 "와~ 참, 잘하네."라며 머리를 쓰다듬어주고 가슴에 꼭 안아주도록 한다.

부드럽고 따뜻한 엄마의 피부에 닿는 느낌이 들면 아기의 마음을 만족시키고 침착하게 한다. 이러한 만족감과 안정이 아기에게 무엇인가를 계속 말하게 하는 용기를 주는 것이다.

흔히 병원이나 그 밖의 다른 시설에서 자라난 아이들이 말이 늦는 경우가 많은데, 이것은 사람들과의 관계에서 만족감이나 안정을 얻기 어렵기 때문인지도 모른다.

물론 언어의 발달에는 개인 차가 있고 만 한 살이 지나도 거의 말을 못하는 경우도 흔하다. 그러나 엄마의 풍부한 애정 속에서 자란 아기는 이야기하고 싶어하는 욕구가 점점 커지기 때문에 다소 느리더라도 초조해하지 말고 지켜봐주는 것이 좋다.

말을 빨리 가르치고 싶다③

처음에는 아기가 발음하기 쉬운 말을 가르친다

아기에게 유아어가 아닌 사물의 구체적인 이름을 가르치는 것이 좋은 것일까? 아직 발음 기능이 덜 발달된 아기에겐 구체적인 발음으로 가르치는 것보다는 보다 많은 유아어를 크게 소리내도록 유도하는 것이 좋다.

물론 앞으로 언어능력을 발달시키기 위해서는 일찍부터 정확한 말을 익히게 하는 것도 중요하다. 따라서 6개월이 지나면 정확한 말을 가르치도록 한다. 이때부터는 말을 기억하기 시작하는 단계이므로 유아어를 사용하기보다는 구체적인 사물의 이름을 가르치는 것이 좋다.

유아기 때부터 발음하기 쉬운 여러 가지 말을 소리 내면서 연습하면 나중에 구체적인 발음을 쉽게 할 수 있게 된다.

또한 무리하게 연습시키거나 싫어하는데도 귀찮게 하는 것은 오히려 말하고 싶은 의욕을 잃게 하므로 주의해야 한다.

말을 빨리 가르치고 싶다④

아기가 잠들기 전에 조용한 목소리로 이야기해준다

아기에게 말을 가르치는 데 특별한 교육은 필요없다. "어머나,

예쁜 장미꽃이 피었구나." "더우니까 우리 창문을 좀 열까?"라는 등 눈앞에 보이는 구체적인 사물이나 동작을 말로 표현하는 것으로 충분하다. 다만 말로만 가르치는 것보다는 이러한 것을 행동으로 나타내는 것이 아기가 기억하기 쉽다.

그러나 아기를 다른 사람이나 다른 장소에 맡겨야 하는 경우에는 아기와 함께 지내는 시간이 적기 때문에 말이 늦어지지나 않을까 걱정하게 된다. 이럴 때는 밤에 아기가 잠들기 전에 자장가를 불러주거나 조그만 소리로 이야기를 들려주는 것이 좋은 효과를 나타낸다.

가능한 한, 단순한 말을 선택해서 천천히 부드럽게 되풀이하는 것이 좋다. 잘 때 엄마 품에 안아주면 아기의 마음도 안정도고, 엄마와 아기의 마음을 연결하는 중요한 역할을 한다.

말을 빨리 가르치고 싶다 ⑤

아기의 이름을 자주 불러준다

왜 아기의 이름을 자주 불러주는 것이 언어발달을 돕는 것일까? 일반적으로 이름을 부를 대 아기가 자신의 이름을 기억하고 소리나는 쪽을 향해 반응하는 것은 7, 8개월째부터이다. 자신의 이름을 기억한다는 것은 '자신과 다른 사람은 다르다'는 차이를 인식하는 것이라고 볼 수 있다.

그리고 이처럼 자신을 확인하는 일이 자신의 의지를 전하고 싶고, 말을 하고 싶다는 의욕을 나타내준다.

이처럼 아기의 이름을 자주 불러주면 아기가 자신을 확인하게 되고, 언어의 발달을 촉진한다고 볼 수 있다. 엄마가 이름을 불러주고, 자주 말을 붙이는 것은 이름을 기억하게 하고, 자신 이외의 다른 세계에 눈을 돌릴 수 있게 해준다.

정확한 언어를 구사하도록 키우고 싶다 ① 

아기에게 말할 때, 유아어를 사용하지 않는다

아기에게 말할 때, 아기와 똑같은 말을 사용하는 엄마가 있는데 이것은 아기가 알아들을 수 있도록 아기 편에서 생각하는 엄마의 배려라고 볼 수 있다. 그러나 이처럼 어른이 늘 유아어를 사용하면 아기가 커서도 유아어를 사용하는 경우가 있다.

앞에서도 말했듯이 아기는 발음 기능이 덜 발달되어 있으므로, 3살이 지날 때까지 정확하지 못한 발음이나 유아어를 사용하는데, 이것을 하나하나 지적해서 교정할 필요는 없다.

그러나 정확한 발음을 할 수 있도록 주위의 어른들이 정확한 말을 사용하는 것이 중요하다. 어린아이들은 주위 어른들의 이야기를 기억하게 된다.

그러므로 아이에게 정확한 발음을 기억시키기 위해서는 먼저 어른이 정확한 발음으로 이야기해야 한다. 그것을 유아어로 말하게 되면 시간이 지나도 계속 유아어를 사용하게 된다.

어린아이는 어떤 것이라도 따라하고 배우기 때문에 정확한 발음을 듣게 되면, 무리하게 가르치지 않더라도 저절로 정확한 발음을 하게 된다.

정확한 언어를 구사하도록 키우고 싶다②

아기가 한 단어로 이야기하면 문장을 만들어 대답해준다

외국에 가서 말이 통하지 않을 경우, 가고자 하는 장소인 '스테이션'만을 이야기해도 듣는 사람은 역을 묻는다는 것을 알고 가르쳐준다. 이와 같이 단어 하나만 말해도 뜻은 통하는데, 아기의 말도 마찬가지이다.

배가 고플 때 '맘마'라는 말을 하면 배가 고프다는 것이고, '어부바'라고 하면 업고 밖에 나가 달라는 의사 표시이다. 이럴 때, 엄마는 "아기가 배가 고프구나."라든가 "아가, 밖에 나가고 싶니?"라고 문장을 만들어서 대답해준다. 이렇게 함으로써 아기는 '맘마 주세요' '밖에 나가고 싶어요'라는 말의 의미를 자연스럽게 기억하고 자신도 사용하게 된다.

특히 1년 6개월이 지나면 '맘마'는 '밥'으로, '어부바'는 '업어 줘'라는 말로 바꿔서 가르쳐주도록 한다. 그러면 차츰 유아어 대신 자연스럽게 보통 말을 사용하게 된다.

엄마는 특히 '가르친다'라는 의식을 갖지 말고, 아기가 정확한 말을 익히도록 옆에서 도와준다는 생각으로 친절한 조언자 역할을 하는 것이 좋다.

정확한 언어를 구사하도록 키우고 싶다③

요구에 즉시 반응하지 않는 것이 언어 발달을 위해 좋다

말을 좀 늦게 하거나 말수가 적은 아이를 엄마는 언어 발달이

늦기 때문이 아닐까 하고 염려하는 경우가 있다.

아기가 무언가를 호소하는 듯한 표정이나 행동을 보이면 엄마들은 대체적으로 짐작이 간다. 배가 고픈 것인지, 목이 말라서 물을 달라고 하는지, 밖에 나가고 싶어하는지, 응아를 했거나 오줌을 쌌는지 알 수 있다.

그러나 그럴 때, 금방 엄마가 알아서 다 처리해주면 아기는 말을 할 필요가 없게 된다. 따라서 열심히 의사 표시를 하려고 하는 아기의 의욕은 시들어버린다. 엄마가 지나치게 아기를 감싸주게 되면 언어 발달 면에서도 역효과를 내는 것이다.

아기가 무언가 의사 표시를 하려고 할 때는 가만히 지켜보는 것이 좋다. 이렇게 하면 아기는 필사적으로 의사 표시를 하려고 노력하며, 그러한 것이 쌓여서 자신의 의사를 전달하는 말과 방법을 익히게 된다.

말을 더듬거리지 않게 하고 싶다①

아기에게 말을 할 때는 천천히 한다

어릴 때 말을 더듬는 버릇이 있었다고 하는 사람의 이야기를 듣고, 우리 아이는 괜찮을까 하며 염려하는 부모가 있다. 그런 반면에 아이가 말을 더듬는 버릇은 2살에서 5살 사이에 나타나므로, 아직 한 돌도 지나지 않았으니 걱정할 필요가 없다고 생각하는 사람도 있을 것이다.

그러나 말을 더듬는 것은 1살 때부터 시작된다. 이때부터 주의하는 것은 결코 빠른 것이 아니다.

2~5살이 되어서 말을 더듬는 아이의 부모는 대체적으로 말이 빠르거나 성격이 급하다. 이런 부모 밑에서 자란 아이는 말을 빨리 하도록 재촉당하므로 긴장이 쌓여 말을 더듬게 된다.

아기가 처음 말을 시작할 때는 열심히 노력하는 것이므로 천천히 말하게 하고, 아기의 마음을 느긋하게 해주어 엄마의 말을 흉내낼 수 있게 해준다.

말을 더듬거리지 않게 하고 싶다 ②

정확한 단어를 사용하지 않더라도 무리하게 고치지 않는다

생후 10개월 전후부터 '엄마', '아빠', '맘마'라는 두 음절 정도의 단어를 기억하기 시작하고, 만 12개월이 지나면 동물들의 울음소리를 흉내내고 조금씩 기억되는 단어가 많아진다. 이때는 유아어로 익히는 것만으로도 충분하다.

그러나 조금이라도 빨리 정확한 단어를 익혀주기 위해 아기를 채근하는 엄마도 있다. 또 아기의 입술을 손가락으로 만져가며 강제로 고치려고 하는 엄마도 있다. 그러나 이것은 아기에게는 대단한 고통이며 엄마를 위압을 주는 존재로 인식할 수도 있다.

이러한 체험이 계속되면 1, 2살에 말을 더듬는 경우가 생긴다. 아기에게 말을 익히게 하려고 위압감을 주어서는 결코 안 된다. 말을 가르치는 것이 아니라 아기와 마음을 서로 통하게 하기 위해 이야기를 주고받는 것이라고 생각하고 천천히, 자연스럽게 하면 차츰 말을 익히게 된다.

책을 좋아하는 아이로 키우고 싶다 ① 

그림책은 주변에서 볼 수 있는 사물이 그려진 것을 선택한다

가능한 한 빠른 시기에 그림책을 주어서 책을 좋아하는 아이로 키우고 싶은 것은 어느 부모나 같을 것이다. 모처럼 사다준 그림책에 별로 흥미를 보이지 않으면 실망하는 부모가 많은데, 이것은 그림책을 잘못 선택했기 때문이다.

여기에서 알아두어야 할 것은 아무리 그림책의 그림이 예뻐도 스토리가 있는 것이나 현실과 동떨어진 것은 아기에게 흥미를 주지 못한다. 이런 책은 3살이 지난 뒤에 주는 것이 적당하다. 돌이 지나기 전의 아기는 자신이 직접 눈으로 보고 만지는 실제 생활 주변에 있는 그림이 그려진 책을 주는 것이 좋다. 자기 주변에 있는 것들은 확실히 알기 때문에 관심을 갖고 흥미를 느끼며 보게 된다.

엄마가 좋다고 생각해서 아기에게 강제로 권해서는 안 되며, 아기가 흥미를 느끼는 것부터 시작해서 점점 그림책에 관심을 가지게 하는 배려가 필요하다. 물론 너무 일찍부터 그림책을 주는 것은 의미가 없고, 생후 1년을 전후로 해서 주도록 한다.

책은 좋아하는 아이로 키우고 싶다 ② 

손가락으로 그림을 가리키면서 아기와 함께 그림책을 본다

그림책을 준 뒤 아기가 잘 가지고 놀지 않거나 보려고 하지 않는 등 흥미를 나타내 보이지 않으면 엄마들은 조바심을 낸다. 그

러나 그림책에 흥미를 갖는 시기는 아기에 따라 차이가 있으므로 그림책을 폈을 때 관심을 코이지 않으면 1, 2살쯤 지난 뒤에 다시 책을 주는 것이 좋다.

일단 흥미를 보이기 시작하면, 그림책을 주는 것으로 그치지 말고 아기와 함께 그림책을 보며 즐거워하는 것도 좋다.

엄마가 자동차의 그림을 손가락으로 가리키며 "붕붕", "빠방빠방." 하며 소리를 내어 따라 하게 하면서 그림을 보고 놀이를 계속한다. 아기가 몇 번이고 같은 것을 손가락으로 가리키는 것은 함께 놀아달라고 조르는 표현이다.

이처럼 엄마와 함께 보는 그림책에 점점 흥미를 갖게 되면 다른 책에도 관심을 기울이게 된다.

그림 그리기를 좋아하는 아이로 키우고 싶다

목욕탕 거울에 손가락으로 그림을 그리며 논다

그림 그리기를 좋아하는, 정서가 풍부한 아이로 키우고 싶어하는 엄마는 결코 적지 않다. 잘 그리고 못 그리고를 떠나서 그림을 그린다는 것은 아이들의 정서 안정에도 도움이 되며 창의력과 상상력을 풍부하게 한다.

10개월이 지나면서 손에 도구를 쥐어주면 무언가를 긋고, 낙서를 하며 좋아한다. 또 아직 그림은 아니지만 선을 긋고 여러 가지 색깔을 눈으로 보며 즐거워한다. 단, 이 경우에도 도구만 주어진다고 모두 흥미를 느끼는 것은 아니므로 적당한 시기에 즐거움을 알고 그릴 수 있도록 해야 한다.

그림을 그리는 즐거움을 가르치는 것은 여러 도구를 사용하지
않고서도 할 수 있다. 목욕을 한 뒤 뿌옇게 흐려진 거울에 엄마가
손가락으로 아기가 좋아하는 그림을 그리면, 아기는 매우 즐거워
한다. 나중에는 엄마가 놀랄 정도로 아기 스스로 그림 그리는 데
열중해 있는 것을 볼 수 있다.

음악을 좋아하는 아이로 키우고 싶다 ①

엄마가 아기에게 노래를 불러준다

특별히 전문적인 음악가로 키운다는 의미에서보다도 정서적으
로 풍부한 감성을 길러주기 위해 음악에 익숙해지기를 바라는 부
모가 많다. 그렇게 하기 위해서 평소에 아기와 놀 때나 일을 할 때
노래를 들려주는 것이 효과적이다.

아기들이 좋아하는 소리를 조사한 결과, 여자의 목소리가 으뜸
이었다고 한다. 이렇게 아기는 엄마의 부드러운 목소리와 노랫소
리를 좋아한다.

그러나 엄마들 가운데는 '나는 음치라서 나쁜 영향을 미칠 수도
있다'고 생각하는 사람이 있는데 그것은 잘못이다. 텔레비전이나
라디오에서 흘러나오는 노랫가락을 쉽게 따라하듯이 엄마가 반복
해서 들려주면 아기는 저절로 음악을 가까이 하게 되므로 음악성
을 갖게 된다.

생활 속에 노래가 함께 하는 것만으로도 아기는 음악에 호감을
갖게 된다.

음악을 좋아하는 아이로 키우고 싶다 ② 

아기가 좋아하는 음악을 반복해서 들려준다

아기들은 어떠한 소리와 리듬을 좋아할까. 아기는 자라남에 따라 음악에 대한 반응도 커진다. 좋아하는 음색은 피아노, 클라리넷 등일 수 있고, 놀고 있을 때에는 북과 같은 타악기에도 반응을 나타낸다.

리듬은 두 박자를 좋아하지만 잠들기 전에는 네 박자의 리듬을 좋아한다. 그러나 이것은 통계적인 조사 결과이고, 아기에 다라 개인차가 있으므로 아기가 좋아하는 음악을 매일 들려주고 친해질 수 있도록 해준다.

아기는 한번 마음에 들면 계속해서 몇 번이라도 그 음악을 듣고 싶어한다. 어른들의 감각으로 볼 때, 매일 같은 음악을 되풀이해서 들으면 싫증이 나지 않을까 하고 생각할 수도 있으나 아기들은 반복해서 듣는 것을 좋아한다.

어른들의 판단으로 여러 가지를 들려주거나 강제적인 태도를 취할 경우에는 아기가 음악에 대한 관심을 잃게 되는 수도 있다.

음악을 좋아하는 아이로 키우고 싶다 ③ 

부모가 좋아하는 음악을 아기와 함께 즐기며 듣는다

시중에는 아기를 위한 명곡 테이프가 많이 판매되고 있다. 어릴 때부터 클래식 음악을 접하면 정서교육에 좋다는 이유로 하루 종일 음악을 들려주는 엄마들이 많다. 클래식 음악이 나쁘다는 것이 아니라 그보다는 가끔 리듬 있는 경쾌한 음악을 들려주는 것이 아기에게 더 좋을지도 모른다.

무엇보다 중요한 것은 아기에게 음악을 '들려주는 것'으로 생각하기보다는 '함께 음악을 즐기는 것'으로 인식해야 한다. 즉, 명곡이나 그렇지 않은 곡이라도 엄마와 함께 들으며 즐기는 가운데 아기는 점점 음악에 흥미를 갖게 되는 것이다.

아기에게 특별히 음악을 따로 들려주지 않더라도 가족들이 늘 음악과 가까이 지내면 아기도 저절로 음악을 좋아하게 된다.

음감이 좋은 아이로 키우고 싶다 ①

몸 전체로 리듬을 타는 음악을 들려준다

아기의 청각은 7, 8개월까지는 아직 미숙하다. 그러한 의미에서 볼 때, 어떠한 명곡을 들려주어도 주위의 소음이나 이야기 소리처럼 단순한 '소리'로밖에 인식하지 못한다.

단지 이 시기에 음악과 접촉했느냐 안 했느냐에 따라 나중에 음감을 느끼는 데 차이가 난다.

특히, 음악적인 자극을 전혀 받지 않은 것보다는 자극을 받은 쪽이 발달을 촉진할 수 있다. 아기는 특정한 멜로디보다는 리듬에 더 큰 반응을 나타낸다. 따라서 아기들에게 알기 쉬운 행진곡이나 왈츠 풍의 음악을 들려주는 것이 좋다.

리듬을 알 수 있을 정도가 되면 음악에 맞추어 몸을 움직이고, 손발을 흔들며 춤을 추기 시작한다. 이렇게 해서 자연스럽게 리듬감을 익히게 된다.

음감이 좋은 아이로 키우고 싶다 ②

노래나 음악을 들려줄 때, 박자를 맞추며 리듬을 타게 한다

7, 8개월이 되어서도 음악에 아무런 반응을 나타내지 않는 아기도 있다. 이러한 경우 '음감이 둔한 아이'라든가 '음치인 아이'로 걱정하는 부모도 있으나 그것은 지나친 염려이다. 이때는 청각신경이 덜 발달되었기 때문에 음악을 음악으로서 인식하는 일이 부족한 상태이다.

리드미컬한 음악을 들려주는 경우에 즐거워하지 않고, 반응이 둔할 경우에는 반드시 엄마가 음악을 듣는 일에 함께 참가해야 한다. 즉 음악을 들으면서 손바닥을 치고 박자를 맞추고, 손가락으로 딱딱 소리를 내는 것이다.

이처럼 엄마가 함께 리듬에 맞추어 놀아주면 저절로 음악에 반응을 표시하게 된다. 단순한 '음(音)'이 아니라 엄마가 함께 함으로써 '음악'이 되는 것이다.

손을 두드려 보이면 리듬을 시각화할 수 있고 이해가 쉽게 된다. 이러한 기쁨을 통해서 저절로 리듬감이나 음감도 길러지게 된다.

감성이 풍부한 아이로 키우고 싶다 ①

아기의 방을 색채감 있게 꾸민다

갓 태어난 아기는 어떤 색을 좋아할까? 아직 정확하게 알 수는 없으나 원색, 그 중에서도 검정과 흰색에 가장 강한 반응을 나타

내는 것은 확실하다. 생후 하루 이틀이 지난 아기도 눈앞에서 30cm 정도 떨어진 곳에 검정과 흰색의 공을 보여주면 눈으로 좇는 것을 볼 수 있다. 대체로 아기들은 원색을 좋아한다.

아기 주변에 색채가 많은 것과 없는 것과는 감성이나 지능발달에 미묘한 영향을 준다.

시각이라는 감각기관을 통한 아기와 엄마의 관계가 정신을 발달시켜 주므로 이러한 감각기관을 훈련시키는 것은 상당히 중요한 일이다.

아기 방은 썰렁하거나 살풍경한 상태로 놔두지 말고, 색채감이 풍부하고 따뜻한 분위기로 장식하는 것이 좋다.

병실과 같은 찬 분위기나 단순하고 밋밋한 가구는 아기의 감성 발달에 좋지 않은 영향을 미치게 된다. 커튼, 벽지, 아기용품, 이불, 베개, 장난감 등을 모두 다양한 색채로 장식해주는 것이 아기의 감성 발달에 도움을 준다.

감성이 풍부한 아이로 키우고 싶다 ②

낮에는 하늘, 구름, 나무 등이 보이는 창가에 재운다

아기의 눈은 처음에는 어른처럼 모든 것을 볼 수는 없다. 그러나 월령이 늘어남에 따라 가까이 있는 것은 물론 멀리 있는 것에도 관심을 나타내게 된다. 차츰 멀리 있는 것까지 보이게 되므로 아기는 관심을 갖고 주위 환경에 눈을 돌리는 것이다.

이러한 눈의 기능을 돕기 위해서도 아기가 접하고 있는 환경에 세심한 배려가 필요하다. 잠을 재우는 장소도 밤에는 물론 차분한 환경을 만들어주어야 한다. 그러나 낮이나 눈을 뜨고 있을 때는 창가에 눕히고, 방안이 아니더라도 하늘, 구름, 나무와 같은 푸른색이 보이는 곳에서 놀게 한다.

특히 스스로 움직일 수 없을 때 이렇게 여러 가지 사물을 보여주면 감성발달에도 좋은 영향을 준다. 자연에 대한 감성을 기르는 의미에서도 어릴 때부터 세심한 환경 조성이 필요하다.

감성이 풍부한 아이로 키우고 싶다 ③

소리나는 것에 반응하면 그것으로 듣는 힘을 길러준다

아기들은 이미 모든 감각을 완전히 사용하며 보고, 듣고, 냄새 맡는 것, 우유의 맛 등을 익혀 뇌도 활발하게 움직이게 된다. 특히 시각과 청각은 고등감각이라고 할 정도로 아기의 지적 발달을 촉진시킨다. 소리나는 것에 귀를 기울이는 '듣는 힘'은 주변의 것에 관심을 보이는 능력과 함께 '말하는 힘'도 길러준다.

인간의 청각은 뱃속에서부터 이미 발달되어 생후 6일이 되면 작은 소리에도 귀를 기울이게 된다. 그러나 외부의 소리에 확실한 반응을 표시하는 시기는 생후 3개월부터이며, 소리나는 쪽으로 고개를 돌리게 되는 때는 역시 목을 가눌 수 있는 시기이다.

소리에 반응을 보이면 소리나는 딸랑이 방울을 이용해서 '듣는 힘'을 적극적으로 길러준다. 처음에는 얼굴에서 오른쪽, 가운데, 왼쪽 등 위치를 바꿔가면서 소리의 방향을 쫓아오도록 시도해본다. 그렇게 하면 소리에 대한 흥미가 높아지고, 주의력도 점점 깊어지며 소리의 방향을 찾아내려고 노력하게 된다.

지식욕이 왕성한 아이로 키우고 싶다 ① 

아기가 얼굴에 달려들어 마구 만져도 잘 받아준다

지식욕이 왕성한 아이는 스스로 알아서 배우고 익힌다는 것이 교육관계자들의 일치된 의견이다. 바로 이 지식욕의 근본이 되는 것이 호기심이다. 원래 아기나 아이들은 호기심이 왕성하다. 이 호기심이 아기의 정신적, 지적 발달에 큰 영향을 미치므로 엄마는 호기심을 자극시킬 필요가 있다.

생후 4, 5개월이 지나면 아기는 여러 가지를 만지고 핥고 빨기도 한다. 엄마의 얼굴도 그 대상의 하나인데, 만지는 것에 만족하지 않고 안경을 잡아채거나 입안이나 콧구멍에 손가락을 집어넣기도 한다. 이런 아기의 행동을 꾸짖거나 못하게 말리는 것은 아기의 호기심을 사그라지게 한다.

이 시기의 아기들은 피부와 입의 점막을 통해 사물의 성질을 확인하기 때문에 그만두게 하면 역효과를 내게 된다. 지나치게 불쾌한 느낌이 들 경우에는 손가락으로 다른 곳을 만질 수 있도록 위치를 살짝 바꿔주는 것이 현명하다.

어쨌든 아기의 호기심을 충분히 만족시켜주는 것이 가장 좋은 방법이다.

지식욕이 왕성한 아이로 키우고 싶다 ② 

장난감에 끈을 달아 침대의 나무살에 묶어둔다

아직 모든 기능이 미숙한 아기라도 그 나름대로 외부 세계와 활발하게 교환하며 여러 가지를 받아들이고 있다. 그 받아들이는 방법에 따라 장래에 지식욕이 왕성한 아이로 자라게 되므로 엄마가 그 받아들이는 일에 도움을 주도록 한다.

예를 들어 장난감에 끈을 달아 아기의 침대에 묶어두는 것이다. 처음에는 끈을 잡아당기는 것과 장난감을 가지고 노는 것과의 관계를 인식하지 못하지만 나중에는 끈을 잡아당겨 장난감을 끄는 것을 깨닫게 된다.

이러한 것은 확실히 아기에게는 큰 발견이며, 대단한 즐거움이다. 즐거움이 거듭되면서 놀이도 발전되어간다.

이러한 흥미가 바로 왕성한 호기심을 일으키는 기본이다. 중요한 것은 여기에서 그치지 않고 아기가 흥미를 느낄 수 있는 물건을 주도록 한다. 그러나 끈이 목에 감기는 등, 위험한 것에 대한 주의도 잊지 말아야 한다.

지식욕이 왕성한 아이로 키우고 싶다 ③

산책할 때, 나무나 꽃이 있으면 손으로 만져보게 한다

많은 사람이 모여들어 웅성거리면 무슨 일인가 하고 궁금해하듯이 아기의 경우도 마찬가지다. 어른이, 특히 엄마가 어떤 일에 흥미나 관심을 보이면 아기도 호기심을 느끼게 된다. 그래서 매일 같은 곳을 산책하더라도 늘 같은 장소에서만 놀게 하는 것은 바람직하지 못하다.

같은 꽃밭의 꽃을 보여주더라도 아무 말 없이 그저 보게 하는 것은 아기에게 아무런 흥미를 줄 수 없다.

"어머나, 정말 예쁜 꽃이구나."라고 엄마 자신이 관심을 보이면 아기도 꽃에 흥미를 갖게 된다. 또한 아기의 시각이 충분히 발달되어 있지 않기 때문에 보여주는 것에 그치지 말고 만져보게 하는 것이 좋다. 스스로 만져보고 확실하게 느끼면 한층 호기심을 자극하게 된다. 이같은 행동이 아기의 지식욕과 감성을 풍부하게 만들어준다.

창의력이 있는 아이로 키우고 싶다 ① 

아기가 흥미를 느끼는 놀이에 변화를 준다

한마디로 '머리가 좋다'는 것은 여러 가지 요소를 포함한다. 스스로 연구하고 생각하는 힘은 매우 중요한 것으로, 창의력을 기르는 기본이 된다. 연구하고 발견하려는 노력이 아기 때부터 만들어진다는 것은 말할 나위도 없다. 아기가 좋아하는 놀이를 늘 같은 방식으로 하지 말고 때때로 변화를 주는 것이 좋다

예를 들어 '술래잡기 놀이'는 아기가 몇 번이고 계속하자고 졸라대는 놀이이다. 그러나 같은 것을 되풀이하는 것은 엄마에게는 힘든 일이다. 그렇다고 엄마가 싫은 표정을 지으면 아기도 곧 흥미를 잃는다. 놀고 싶어하는 아기의 흥미를 가라앉히는 것보다는 종이나 수건을 이용해 엄마의 얼굴을 가리며 '야옹, 까꿍' 놀이를 하는 것도 좋은 방법이다.

아기들은 엄마가 함께 놀아주는 것만으로도 큰 기쁨을 느끼므로 이러한 놀이 방법에 변화를 주어 새로운 발견과 자극을 주면 두뇌 발달에 좋은 영향을 미친다.

창의력이 있는 아이로 키우고 싶다②

장난감은 월령에 그다지 구애받지 말고 준다

아기들의 장난감에는 3~6개월, 10개월 이상이라는 월령을 지정해놓은 것이 대부분이며, 부모들은 대체로 월령에 맞는 것을 선택하려고 한다. 그러나 아기가 흥미를 갖고 있다면 이러한 월령 제한에 그다지 구애받을 필요는 없다. 어른이 생각하는 것 이상으로 아기들은 노는 방법을 스스로 발견해내기 때문이다.

예를 들어 끄는 자동차는 걷거나 설 수 있는 아기는 갖고 놀 수 있지만, 잘 서지도 못하는 갓난아기가 타거나 가지고 놀기에는 벅차다. 그러나 잘 걷지 못해도 앉아서 만지작거리며 밀어보기도 하고 움직여보기도 한다. 가능하던 아기에게 위험이 따르지 않는 한 관심을 보이는 장난감을 주는 것도 좋은 방법이다.

오히려 어른들이 '이 장난감을 이렇게 갖고 노는 것'이라고 규정짓고 강요하는 것은 아기의 창의력 발달에 좋지 않다.

창의력이 있는 아이로 키우고 싶다③

새로운 장난감을 줄 때, 함께 가지고 노는 것을 보여준다

아기에게 장난감을 사주는 것도 좋지만, 사주는 것만으로 끝내서는 곤란하다. 그렇게 되면 장난감의 수만 늘어날 뿐만 아니라 사주는 기쁨만 있을 뿐이다. 아기에게 중요한 것은 장난감의 수가 아니라 함께 놀아주는 것이다.

특히 생후 1년 동안은 장난감이 있어도 어떻게 갖고 노는지 모

르기 때문에 장난감에 대해 별로 관심을 보이지 않는다. 딸랑딸랑 소리가 나는 장난감을 아기의 침대 위에 그냥 놓아두면 아기는 전혀 가지고 놀지 않는다.

새로 사온 장난감을 엄마가 아기 앞에서 소리 내며 흔들어 보여줄 때, 비로소 아기도 흥미를 느끼고 호기심이 생겨서 직접 쥐고 흔들어 보려고 한다.

창의력이 있는 아이로 키우고 싶다④

아기가 새로운 놀이를 발견했을 때, 금지하지 말고 지켜본다

어느 날 갑자기 타거나 밀면서 놀던 장난감 차를 엎어놓고 바퀴를 굴리거나 그 위에 올라서서 노는 것을 발견하고, 놀라는 경우가 있다. 물론 그 위에서 떨어지면 위험하기도 하지만, 어떻게 위에 올라갈 생각을 했는지 감탄할 지경이다. 이런 경우뿐 아니라 아이들은 놀이를 발견하는 천재다. 이러한 놀이를 통해 꿈과 마음이 발달해가는 것이다.

아이들의 놀이에 대해 의아해할 부모도 있을 만큼 아이들의 놀이는 두들기고 소리내고 시끄럽게 하는데, 새로운 놀이에 몰두해 있을 때에는 다소 참기 어렵더라도 지켜봐주는 것이 좋다.

새로운 놀이에 만족하면 또 다른 놀이를 궁리하게 되는데, 그러한 놀이를 금지시키면 놀이를 발견해내는 의욕을 잃게 된다.

창의력이 있는 아이로 키우고 싶다⑤

돌이 가까워지면 쌓기놀이 장난감을 준다

첫돌을 전후로 해서 아기들은 손가락을 상당히 능숙하게 사용하게 된다. 엄지손가락과 집게손가락 두 개만으로도 물건을 집을 수 있다. 이 시기는 장래의 창의력을 키우는 데 절대적인 기회이므로 놀이 방법에도 적극적인 도움을 주어 창의력을 키워야 할 때이다.

손가락을 사용하는 놀이는 지능발달을 촉진시키므로 이 시기에는 작은 장난감을 주어 손가락을 충분히 사용하도록 도와준다.

나무쌓기 놀이는 손가락을 움직이는 것뿐만 아니라 여러 가지 형태를 변형시킬 수 있으므로 창의력을 기르게 된다. 그러나 나무 한 개 한 개로는 흥미를 일으키지 못한다. 단지 주는 것으로 끝내기보다는 옆에서 엄마가 집, 자동차 등을 만들어 보여주면 아이는 그것을 흉내내어 만들어 보고, 여러 가지를 쌓게 된다.

또한 나무쌓기를 잘했을 때 칭찬해주면 점점 의욕이 생기게 되고 상상력도 높아진다.

창의력이 있는 아이로 키우고 싶다 ⑥

물, 모래 등 형태가 변하는 것으로 놀게 한다

아이들은 물이나 모래를 가지고 노는 것을 좋아한다. 왜냐하면 형태가 일정하지 않아서 이쪽저쪽 움직이며 다양한 변화를 줄 수 있어 호기심을 자극하기 때문이다. 이렇게 형태가 변하는 것은 창의력을 키우는 데도 좋은 장난감이 된다.

물론 이것은 갓난아기에게도 마찬가지다. 예를 들어 4개월된 아기에게 목욕을 시키면서 수돗물에서 흘러나오는 물을 직접 만져보고 두 손으로 물이 닿는 면을 두드려 보는 놀이를 할 수 있다. 목욕 중에는 물에 젖어도 상관없으므로 급히 서두르지 말고 아기와 함께 물에서 노는 것도 좋다.

물과 모래뿐 아니라 종이나 점토 등도 모양을 변형시킬 수 있는 좋은 재료이므로 창의력을 키우는 좋은 장난감이 된다. 단지 점토는 3살 이후에 취급하는 것이 좋다.

생각하고 탐구하는 아이로 키우고 싶다 

아기가 원하는 것을 줄 때는 조그만 장해를 주도록 한다

생후 7개월부터는 엄마가 있는 곳이나 장난감이 있는 곳을 향하게 된다. 이때부터는 주의의 사물에 적극적인 표시를 하게 되며, 이러한 행동이 되풀이되면서 뇌신경의 발달을 촉진시키고 생각하며 탐구하는 힘을 기르게 된다. 이처럼 놀고 있을 때에도 사고력을 키울 수 있다.

6개월 무렵에는 아기의 눈앞에서 소리나는 장난감에 신문이나 수건을 덮어놓고 찾는 시늉을 한다. 덮어놓은 것을 들추면 아기와 함께 즐거워한다.

7개월 무렵에 장난감에 끈을 달아 멀리 가게 한 뒤, 아기의 손에 끈을 쥐게 하고 끌어보게 한다.

10개월 무렵에는 투명한 플라스틱 위에 아기가 좋아하는 장난감을 놓고 찾아보게 하는 놀이를 한다. 결국 어떤 장해 요인을 만들어 놓고 놀이를 하면 기억이나 예측 능력을 키울 수 있다. 이러한 놀이는 아기의 두뇌 발달에 좋은 자극이 된다.

아이의 기억력을 신장시키고 싶다

장난감에 수건을 덮어놓고 찾게 한다

8~10개월이 되면 기억력을 갖게 된다. 예를 들어 의자에 앉아서 장난감을 떨어뜨렸을 경우, 곧바로 집어주지 말고 아기 스스로 찾게 하는 것이 기억력 발달에 도움이 된다. 아기의 눈앞에 있는 장난감을 수건으로 덮고 찾게 하는 방법도 좋다.

처음에는 소리나는 것으로 시작하는데 수건에 덮여 있을 때에는 아기가 이상한 표정을 하지단 수건을 들고 "여기 있구나." 하면 표정이 밝아진다. 이것을 되풀이하면 스스로 수건을 들추고 장난감을 찾을 수 있게 된다. 그리고 숨겨진 것을 찾았을 때 칭찬해주는 것이 중요하다. 예상한 대로 장난감이 나오면 아기는 매우 기뻐한다.

조금 크면 술래잡기를 할 수 있는데, 이러한 놀이는 아기의 기억력 발달을 돕는다. 엄마가 손으로 얼굴을 가리며 놀 수도 있고, 커튼 뒤나 안 보이는 곳에 숨어서 아기가 찾게 할 수도 있다.

아기의 운동 능력을 키우고 싶다 ①

몸을 자유롭게 움직일 수 있는 옷을 입힌다

어른들은 머리와 몸은 별개라고 생각하기 쉽지만, 생후 1년 미만의 아기에게는 머리와 몸은 밀접한 관계가 있다. 두뇌의 발달에 의해 운동 능력을 신장시키며, 반대로 몸의 움직임에 따라 뇌에 자극을 주어 두뇌를 발달시킨다. 따라서 생후 1년 동안의 아기에게 운동 능력을 키워주는 것은 건강하게 키우는 것 외에도 두뇌를 발달시키는 면에서 매우 중요하다.

1, 2개월이 되면 아기의 움직임이 점점 활발해진다. 이 시기에 자유롭게 손발을 움직일 수 있도록 해주면, 운동신경의 발달을 촉진시켜 몸을 빨리 가눌 수 있게 된다.

이때 주의해야 할 것은 아기의 옷차림이다. 너무 두꺼운 옷을 입히는 것보다는 얇은 옷을 몇 개 더 입히더라도 손발을 자유롭게 움직일 수 있도록 해주는 것이 좋다.

아기의 운동 능력을 키우고 싶다 ②

아기의 옷은 손발이 나오는 것을 선택한다

자유자재로 손과 발을 움직일 수 있는 정도에 따라 아기의 운동 능력은 달라진다. 2, 3개월부터는 손과 발의 운동이 눈에 띄게 활발해지므로 이 시기에는 입히는 옷에 많은 신경을 써야 한다. 2개월쯤 되면 배내옷은 그만 입히고 손과 발이 나오는 옷을 입힌다. 특히 3, 4개월에는 발의 움직임도 활발해지므로 옷자락이 긴 옷은 발의 움직임에 방해가 된다. 따라서 손발이 옷 속에 감춰지는 옷은 좋지 않다.

아기의 손톱으로 얼굴이나 다른 곳에 상처가 날까 봐 걱정하는 엄마도 있지만, 가능한 한 소매와 옷자락이 풍부하고 개방적인 것을 입혀서 움직이는 데 편하게 해준다. 손목이나 발목 부분에 고무줄이 들어간 옷은 부드러운 살갗에 자국을 내거나 혈액순환에 방해가 되므로 입히지 않는 것이 좋다.

아기의 운동 능력을 키우고 싶다 ③

속옷을 입히는 것이 좋다

생후 3개월이 지나면 아기는 한층 움직임이 활발해져 어른이 상상하는 것 이상으로 움직이는 것을 알 수 있다

고개를 들어 주위를 여기저기 바라보고, 손을 움직여서 무엇인가를 잡고 발을 꼼지락거리며 움직이는 것을 볼 수 있다. 즉 깨어 있는 상태에서는 계속 움직이는 것이다.

이 시기에 아기의 운동 능력은 급속히 발달한다. 손발을 계속 움직일수록 대뇌와 신경계도 자극을 받아 발달하므로 가능한 한 움직이기 쉬운 옷차림을 해주어야 한다.

겨울철에 춥다고 해서 두꺼운 옷을 입히는 것보다는 실내 기온을 20°C로 해놓고 속옷을 입히는 것이 움직이기에 적합하다.

아기의 운동 능력을 키우고 싶다 ④

온몸으로 가지고 놀 수 있는 장난감을 준다

7, 8개월까지는 손으로 갖고 놀 수 있는 장난감이 좋다. 그러나 10개월이 지나면서 일어서거나 빠르면 걷는 아기도 있으므로 온몸을 이용해서 놀 수 있는 조금 큰 장난감을 주어야 한다. 온몸을 움직이며 가지고 노는 장난감은 운동신경을 발달시키는 데 알맞다. 예를 들어 아기가 올라갈 수 있을 정도의 나무로 만든 옷장이나 움직이며 갖고 놀 수 있는 장난감이 효과적이다.

이것은 생후 1년을 전후로 해서 가능한 일이다. 아직 전체적인 기능은 미숙한 상태이므로 넘어지거나 뒤뚱거릴 때, 머리를 다치지 않도록 바닥에 담요 등을 깔아두도록 한다.

아기의 운동 능력을 키우고 싶다 ⑤

하루에 한 번은 기면서 움직일 수 있는 환경을 만든다

7, 8개월이 되면 아기는 앉은 상태에서 걷는 상태로 옮겨간다. 그 중에는 기거나 붙잡고 서는 과정을 거치며 손과 발, 허리 등의 근육이 발달되므로 가능하면 기게 하는 것이 좋다. 충분히 기면 운동신경 발달에도 좋은 영향을 준다.

그러나 현대의 주거 환경은 아기가 자유롭게 기어다닐 수 있는 공간이 없기 때문에 의도적으로 기어다닐 수 있도록 신경을 써주어야 한다. 가능한 한 넓은 공간을 만들어서 기도록 유도하고, 따뜻한 날에는 가까운 공원의 잔디밭에 돗자리를 펴고 길 수 있도록 해주는 것도 좋은 방법이다.

아기의 운동 능력을 키우고 싶다 ⑥

기는 일에 익숙해지면 튀지 않는 공을 준다

아기가 충분히 기는 일에 능숙해지면 엄마가 조금 떨어진 곳에 서서 아기를 부르며 게임을 한다.

이 시기에는 공도 아기의 운동 발달에 큰 도움이 된다. 아직 공을 가지고 놀 정도는 아니지만, 살며시 굴러가는 공에 흥미를 느끼므로 여기저기에 공을 굴려주면서 아기가 그 공을 쫓아가게 한다. 굴러가는 공에 대한 흥미와 엄마와 함께 노는 즐거움이 더해서 아기는 활발히 움직인다. 공은 잘 튀지 않는 물렁물렁한 것을 선택하는 것이 좋다.

아기의 운동 능력을 키우고 싶다 ⑦

기기 시작하면 하루 종일 맨발로 놔둔다

충분히 기게 되면 운동 능력도 증가되는데, 처음에는 잘되지 않아 앞으로 가려고 하는데도 뒤로 가기도 한다. 그러나 계속 하다 보면 자기가 원하는 곳까지 마음대로 갈 수 있게 된다.

기게 되면 양말을 벗기고 맨발로 놔둔다. 발이 차지 않을까 걱정은 되겠지만 실내에서는 염려하지 않아도 된다. 오히려 맨발일 때가 기기도 쉽고 기어가는 거리도 길어진다.

기기 시작하면 곧 가까이 있는 물건을 잡고 일어서려고 하는데 일어서는 것은 시간문제이다. 조금씩 걷기 시작하면 평평하고 보드라운 발바닥이 단단해지고 발목도 튼튼해진다. 발이 튼튼하면 운동 능력도 증가하고 발바닥에 적당한 자극을 주게 되므로 운동 신경이 이때부터 서서히 발달하게 된다.

어릴 때부터 맨발로 두면 발바닥에 직접적인 자극도 줄 수 있으며 미끄러지지도 않기 때문에 위험 방지에도 한몫을 하게 된다.

손재주가 있는 아이로 키우고 싶다 ①

아기의 얼굴 앞에 흥미 있는 장난감을 걸어둔다

손끝을 움직이는 일이 뇌에 자극을 주어서 자꾸 반복하면 손재주가 좋은 아이로 자랄 수 있다. 태어나면서부터 쥐고 만지는 손끝 운동을 적극적으로 시키는 일이 중요하다.

2개월이 되면 차츰 물건을 쥘 수 있게 된다. 딸랑이를 쥐어주면 의외로 꽉 쥐어서 떨어뜨리지 않는다.

3개월이 지나면 스스로 물건을 쥐려고 하며 손의 힘도 강해진다. 이때는 주위에 늘 만질 수 있는 것을 놓아두도록 한다. 얼굴 위나 가슴 앞에 끈으로 장난감을 매달아 놓고 언제든 흔들어보며 만질 수 있도록 해준다.

흔들어서 소리가 나는 장난감은 한층 흥미를 느끼게 한다. 처음에는 한 손으로 쥐거나 만지다가 차츰 휘두르게 되고 드디어는 양손으로 쥐며 돌리다가 두들기기도 한다. 매일 이런 놀이를 하면 7, 8개월째부터는 우윳병을 혼자서 들고 먹을 수 있게 된다.

손재주가 있는 아이로 키우고 싶다 ② 

아기의 손가락 움직임을 관찰하고 장난감을 바꿔준다

아기의 손가락 운동의 발달은 놀랄 정도로 빠르다. 어느 날 갑자기 쥐고 두드리고 잡고 하는 일이 일어나서 부모를 놀라게 한다. 이러한 손끝 동작을 일찍 끝내면 손재주가 있는 아이로 자랄 수 있다.

대체적으로 한 살 때 손가락 움직임을 보이는 경우에는 2, 3살이 되면 훌륭한 운동 능력을 발휘하고 지능 발달도 빨라진다.

그러나 아기의 손가락 운동에도 단계가 있기 때문에 그것을 무시하고 서두르면 오히려 역효과를 낸다.

　아기의 손가락 발달을 위한 방법이 아니면 오히려 발달을 방해하므로 매일 아기의 움직임을 관찰해서 발달에 맞추어 장난감을 주도록 한다.

밝게 웃는 아이로 키우고 싶다 ①

기저귀를 갈아줄 때, 손발을 자유롭게 움직이도록 해준다

아기들이 웃는 것은 어른과 마찬가지로 기쁘거나 즐거울 때이다. 어릴 적부터 이러한 기회가 많을수록 명랑한 아이가 된다.

예를 들어 아무리 갓난아기라도 하루 종일 기저귀를 차고 있으면 심리적으로나 육체적으로 매우 압박감을 느낀다. 특히 여름철에는 기저귀를 차고 있지 않을 때 더할 수 없는 행복감을 느끼게 된다. 그래서 생후 2, 3개월이 되면 기저귀를 갈아줄 때, 손발을 마음대로 움직이는 것을 볼 수 있다. 아기들에게 하루 중 이렇게 즐거운 시간은 없기 때문이다.

그러나 바쁘다는 핑계로 아기들의 기저귀를 재빨리 갈아치우는 엄마들이 있다. 이것은 아기에게서 자유롭게 손발을 움직일 수 있는 시간을 빼앗는 것이다.

생후 2, 3개월부터는 적어도 하루에 세 번은 기저귀를 갈 때 5~ 10분씩 자유롭게 움직일 수 있는 시간을 주는 것이 웃는 얼굴의 귀여운 아기로 키우는 요령이 된다.

밝게 웃는 아이로 키우고 싶다 ②

가까운 곳에 갈 때 유모차에 태우지 말고 안거나 업고 간다.

최근에 외국에서도 안거나 업는 등의 스킨십이 아기를 정신적으로 안정시킨다고 해서 적극적으로 안고 업는 것을 권장하고 있다. 아기를 안고 싶어하는 것은 엄마로서 지극히 자연스러운 일이며 동시에 아기도 안기고 싶어한다. 시간이 주어지는 한 많이 안거나 업어주는 것이 좋다.

그러나 안으면 버릇이 된다고 해서 안지 않으려는 엄마도 있는데, 안기고 싶은 욕구를 계속 거절당하면 점점 울지도 웃지도 않는 무기력한 아기가 된다. 이것을 '호스피털리즘' 증상이라고 하는데, 이렇게 엄마의 생각과는 달리 엉뚱한 결과를 가져오므로 주의해야 한다.

쇼핑을 가거나 많은 짐을 들어야 하는 경우가 아닌, 가까운 곳에 외출이나 산책을 할 때는 안거나 업는 것이 좋다. 엄마로부터 이런 스킨십을 받은 만족감이나 안도감이 귀엽게 웃는 얼굴로 만든다.

밝게 웃는 아이로 키우고 싶다 ③

목을 가누게 되면 세워서 안아준다

생후 3개월이 지나면 목을 가눌 수 있게 된다. 지금까지는 목을 잘 가눌 수 없기 때문에 옆으로 안았지만, 이때부터는 아기를 세워서 안을 수 있다. 안는 요령은 아기가 안도감을 느낄 수 있도록 꼭 안아준다.

3개월이 되면 아기의 시력도 출산 직후의 10배나 되므로 여러 가지 사물을 보고 싶은 욕구가 생긴다. 언제나 천장만 보이는 옆으로 안는 자세는 아기에게 욕구불만을 주어 잘 울고 떼를 쓰는 아기가 되기 쉽다.

갓난아기도 어른과 같이 여러 가지 자세를 취하고 싶어한다. 세워서 안으면 엄마의 얼굴이 눈앞에 보여 한층 안도감을 느낄 수 있으며, 옆으로 안았을 때보다 높은 위치에서 내려다보는 형태이기 때문에 지금까지 보지 못한 여러 가지 사물을 보게 된다. 그러므로 여러 가지 자극을 받기 때문에 잘 웃고 표정도 풍부한 아기로 자라게 된다.

밝게 웃는 아이로 키우고 싶다 ④

아기를 보살필 때 무엇을 하고 있는지를 상냥하게 설명한다

아기는 엄마를 비추는 거울이라고 한다. 아기와 접하고 있는 엄마의 성격은 그대로 아기에게 영향을 미치게 된다. 엄마가 늘 어두운 얼굴을 하고 말도 걸어주지 않으면 아기도 그대로 닮는다.

아기를 기르는 것은 결코 쉬운 일이 아니다. 특히 첫아기일 경우에는 모든 일에 서툴고 신경을 지나치게 쓰게 된다. 게다가 밤에 젖을 먹이거나 기저귀를 갈아주어야 하기 때문에 수면 부족까지 겹쳐서 몹시 피곤해진다. 그러다 보니 자연히 말수도 적어진다. 그러나 아기와 접할 때에는 될 수 있는 대로 많은 이야기를 해야 한다.

예를 들어 기저귀를 갈아줄 때 "아가야, 기저귀 갈자."라고 웃는 얼굴로 이야기한다. 옷을 갈아 입힐 때와 목욕할 때, 엄마의 행동에 대해 구체적으로 설명하면서 웃어주면 아기는 상받고 있다는 확신을 갖게 된다. 엄마의 이야기나 설명하는 내용은 이해되지 않더라도 애정을 표현하는 수단이 되므로 엄마의 이런 태도는 아기의 표정에 큰 영향을 준다.

밝게 웃는 아이로 키우고 싶다 ⑤

젖을 먹인 후에 "아이 참, 맛있네." 하며 말을 붙인다

아기가 울기만 하고 무엇을 요구하는지 잘 모를 때 "우리 아기 뭘 할까?" "왜 울고만 있니?"라는 말로 상냥하고 다정하게 갈을 걸면 곧 울음을 그치게 된다. 이것은 아기의 마음이 엄마에게 전해졌다는 안도감을 나타낸다.

아기가 충분한 만족감을 느끼는 것은 젖을 다 먹은 뒤인데, 이때 금방 젖을 떼면 만족감을 반감시킬 수도 잇다. 젖이나 우유를 다 먹인 뒤에는 등을 토닥거리며 트림을 시키면서 "아이 참, 맛있네." 등의 이야기를 해주는 것이 좋다.

갓난아기들도 어른과 마찬가지로 즐거울 때에는 함께 느끼고 싶어한다. 2, 3개월밖에 안 된 아기는 젖이나 우유를 빠는 힘이 약해서 1회 수유 시간이 30분 이상 걸려 여유가 없겠지만, 수유 후엔 반드시 이야기를 해주는 것이 포만감과 함께 기쁨이 배가된다.

밝게 웃는 아이로 키우고 싶다 ⑥

장난을 하더라도 아기가 만족감을 느낄 때는 칭찬해준다

아기는 생후 10개월 전후가 되면 행동 범위도 넓어지고 누가 가르쳐준 것도 아닌데 장난을 시작한다.

신문을 찢기도 하고, 티슈 상자의 종이를 꺼내 늘어놓는 일도 있다. 이때 엄마가 꾸중하기보다 웃는 얼굴로 칭찬해주면 놀이에 대한 만족감이 더욱 커진다.

지금까지와는 달리 아기는 놀이를 하면서 엄마의 반응을 살피게 되는데, 자신이 느끼는 기쁨을 엄마에게도 전해주고 싶은 것이다. 아기의 기분에 맞춰 "아이 참 잘했구나."라고 웃으며 칭찬해주면, 자기의 기쁨을 엄마와 함께 하는 즐거움으로 여겨 더욱 다양한 표정이 나타나게 된다.

밝게 웃는 아이로 키우고 싶다 ⑦

아기의 표정이 없을 때, 엄마의 표정을 생각해본다

"우리 아기는 잘 웃지 않아. 함께 있는 시간도 길고, 말도 잘 걸어주는데 어디가 아픈 것일까?"

엄마가 육아에 불안을 느껴 늘 긴장하고 신경을 곤두세우게 되면 아기도 함께 불안을 느끼게 된다. 또 빨리 울음을 그치게 하려고 아기를 달래주는 의무적인 태도는 아기에게 통하지 않는다. 그러므로 아기를 달래기에 앞서 엄마 자신을 되돌아보는 것이 중요하다.

아기가 엄마의 얼굴을 보고 잘 웃지 않거나 표정이 없을 때는 대체로 엄마 자신에게 문제가 있다. 지나치게 피곤해서 지쳐 있거나 표정이 굳어 있는 경우가 많을 것이다. 엄마가 밝게 웃는 얼굴로 아기를 대하면 아기의 표정도 풍부해진다.

그러나 생후 6개월이 지나서도 무표정한 아기는 지능이 떨어진 경우도 있다. 이런 경우에는 우유나 젖을 잘 먹지 않는 등 표정 뿐만 아니라 다른 면에서도 증상이 나타난다.

착한 아이로 키우고 싶다 ①

아기에게 화가 날 경우에는 잠시 떨어져 있는다

아무리 상냥하고 온화한 엄마라 해도 감정을 가지고 있는 인간이므로 아기가 말을 잘 듣지 않거나 쓸데없는 일에 고집을 피우면 화가 난다. 화가 나면 때려주기도 하는데, 엄마가 체벌을 가하면 아기는 공포를 느낄 뿐이다. 특히 아주 어릴 때 느낀 공포감은 성격적으로 공격적인 아이가 되기 쉽다.

엄마가 아기에게 화가 났을 경우에는 아빠나 다른 사람에게 잠시 맡기고 떨어져 있도록 하고, 감정이 가라앉은 뒤에 아기에게 돌아가도록 한다. 그리고 이따금 자신의 감정에 치우쳐 아기에게 화를 내거나 체벌을 가하지는 않았는지 되돌아볼 필요가 있다. 그것은 아기와 엄마의 정신건강에도 큰 도움이 된다.

착한 아이로 키우고 싶다②

엄마가 동물을 귀여워하는 모습을 보여준다

어른들 가운데도 고양이나 개와 같은 동물을 무턱대고 무서워하는 사람이 있다. 이런 사람은 어릴 적에 개에게 물리거나 쫓기는 등 두려운 체험이 원인이 된 경우가 많다. 어릴 적에 받은 동물에 대한 공포심은 어른이 되어서도 헤어나기 어려운 것이다.

살아 있는 것을 소중히 하는 마음을 갖게 하기 위해서도 동물을 사랑하는 아이로 키워야 한다. 살아 있는 것을 소중히 생각하는 사람은 사람에 대해 공평하고 어느 누구하고도 잘 사귈 수 있다.

따라서 생후 5, 6개월부터 집안에 살아 있는 작은 동물을 접하게 함으로써 두려움을 덜어주어야 한다. 그러나 처음부터 직접 동물과 접촉시키는 것은 좋지 않다.

먼저 동물 인형을 주어 친숙해지면 자연의 새나 동물을 보게 해준다. 부모가 대신 개나 고양이를 귀여워하고 만지며 장난하는 모습을 보여주는 것도 좋다.

적극적인 아이로 키우고 싶다①

장난하다 다치더라도 소란을 피우지 않고 치료만 해준다

어른들 사이에서 무관심, 무기력, 무감동의 3무주의가 점점 늘어난다고 한다. 부모라면 자신의 아이가 소극적으로 자라기를 바라지 않을 것이다. 적극적인 아이로 키우기 위해서는 갓난아기 때부터 어떻게 키우느냐에 따라 달라진다.

아기를 잘 키우려면 부모 나름대로 마음의 준비와 각오를 해야 한다.

아기가 장난을 할 때도 금지시키거나 꾸짖지 않도록 한다. 만약 상처를 입더라도 소동을 벌이면 안 된다. 대단한 상처가 아니면 간단히 치료해주고 옆에서 지켜본다. 상처가 날 때마다 소란을 피우거나 금지시킨다면 위축되어서 적극적인 행동을 할 수 없게 되고 놀이에도 소극적이 되기 쉽다.

위험한 기구가 있을 때는 슬며시 치워버리고, 잠자코 옆에서 지켜보며 안전한 환경을 만들어준다.

적극적인 아이로 키우고 싶다 ②

아주 위험한 행동을 하지 않는 한 금지시키지 않는다

아기가 위험한 일을 했을 때 못하게 하거나 꾸짖는 것은 당연하다. 그것은 어떤 것이 위험한지 아직 판단할 수 없는 아기들을 안전하게 보호하기 위해 보호자로서 당연히 해야 하는 일이다.

그러나 어떠한 방식으로 금지시키고 꾸짖느냐에 따라 아기들의 성격이 달라지므로 질책과 금지 방법에 대해 매우 신중히 생각해야 한다.

가장 나쁜 방법은 "안 돼."라는 엄마의 말이다. 물론 때로는 사용해야 할 경우도 있다. 그러나 지나치게 많이 사용할 경우, 어떤 행동을 할 때마다 아기는 엄마의 표정을 살피게 된다.

그렇게 되면 점점 장난과 놀이에 의욕을 잃게 되어 소극적인 아이가 되어 버린다.

적극적인 아이로 키우고 싶다 ③

위험한 일을 하려고 할 때 소리지르지 말고 행동으로 보여준다

엄마가 방에서 다림질을 하고 있으면 아기는 다리미에 흥미를 갖고 손을 펴서 잡으려고 한다. 그때 엄마는 무심결에 "위험해! 만지면 안 돼!"라고 소리를 지르게 된다. 거기에 놀라 아기는 새로운 것에 손을 대지 않게 되고 소극적인 성격이 된다. 그러므로 소리를 지르는 것보다 다리미를 손이 닿지 않는 곳에 치우거나 아기를 다른 곳에 데려다놓고 하던 일을 계속한다.

6, 7개월 된 아기는 손에 닿는 것은 모두 입에 넣으려고 한다. 만약 그것이 뾰족하거나 입에 넣으면 안 되는 것이라면, 소리를 지르기보다는 손에 든 것을 살짝 다른 것으로 바꿔주도록 한다.

적극적인 아이로 키우고 싶다면, 아기가 깜짝 놀라거나 두려워할 정도로 소리를 지르는 것보다는 엄마 자신이 행동해서 위험을 피하게 해주는 것이 효과적이다.

적극적인 아이로 키우고 싶다 ④

작은 일이라도 많이 칭찬해준다

어떤 일에나 적극적으로 덤벼드는 아이가 있는가 하면 대조적으로 자신 없어 하는 소극적인 아이가 있다. 이러한 성격의 차이는 여러 가지 요인에서 찾을 수 있는데, 엄마의 양육 방법에도 큰 영향을 받는다.

엄마는 아기가 아직 아무것도 모르기 때문에 피부의 접촉은 물론 아기 나름대로의 감정이 있다는 것을 늘 염두에 두고 키워야 한다.

예를 들어 아기가 길에 떨어진 껌이나 담뱃갑을 주우면, 엄마들은 흔히 "그렇게 더러운 걸 집으면 어떻게 하니?"라고 말한다. 그러나 아기들의 행동에 대해 부정하거나 금지시키는 것은 호기심을 방해하는 것이므로 칭찬해주어 의욕과 적극적인 행동을 하도록 해야 한다.

적극적인 아이로 키우고 싶다 ⑤

엄마의 세심한 배려가 '손을 타지 않는 아이'로 키운다

말할 것도 없이 아기에게 가장 가까운 존재는 엄마이다. 엄마와의 잦은 접촉이 아기의 정신적인 발달에 도움이 되며 아이의 적극성은 그러한 모자 관계에서 생긴다.

이런 점에서 볼 때 지나치기 쉬운 것이 '손을 타지 않는 아기'에 대한 생각이다. 이러한 아기는 자립심이 강할 것 같지만 뜻밖에도 적극성이 결여된 아이로 자라는 경우가 많다.

밤에 울지 않고 잘 자며 이유식도 잘하고 수면, 식사, 놀이 등 생활의 리듬도 규칙적이며 건강한 아기를 '손을 타지 않는 아기'라고 하는데 이럴 때 엄마는 마음을 놓고 신경을 덜 쓰게 된다.

그러나 아무리 엄마의 손을 타지 않고 보채지 않는다 해도 아기는 엄마와의 접촉을 바라고 있다. 보채거나 울지 않는다고 내버려두지 말고, 늘 주의를 기울이는 자세가 필요하다.

자립심이 있는 아이로 키우고 싶다

생후 1년 동안은 무리하게 따로 재우지 않는다

미국이나 유럽에서는 개인주의가 발달했기 때문인지 태어나면서부터 아기들은 엄마와 떨어져 잔다. 또한 그런 아기들은 환경에 빨리 적응하기 때문에 혼자 재워도 보채지 않고 잘 잔다.

그러나 아기 때부터 엄마와 떨어져 잔다고 해서 반드시 자립심이 강해진다고 볼 수는 없다.

자립심을 기르기 위해 가장 중요한 것은 아기의 정서 안정이다. 정서가 안정된 후에야 비로소 자립심도 생기게 된다. 아주 어릴 적부터 엄마와 떨어진 상태로는 자립심이 강해질 수 없다. 아기에게 쓸데없는 불안과 이탈감을 느끼게 하는 것보다는 엄마가 늘 곁에서 재워주고 보살펴주는 애정이 필요하다.

요즈음은 서구에서도 안고, 업고, 함께 자는 스킨십이 중요시되고 있다. 무리하게 아기를 다른 방에 재우지 말고, 함께 자는 것이 좋다.

분별력이 있는 아이로 키우고 싶다 ①

아기의 장난에는 "안 돼!"라고 말로 꾸짖는 것보다 눈으로 꾸짖는 것이 효과적이다

'눈으로 말한다'는 말이 있듯이 아기를 꾸짖을 때의 요령도 말로 하는 것보다 눈으로 꾸짖는 것이 훨씬 효과적이다. 아기들은 아직 해야 할 일과 하지 말아야 할 일에 대한 분별력이 없다. 아무

것이나 입에 넣고 만지기 때문에 이때마다 엄마들은 "안 돼." "가지 마." "위험해."라는 말을 입에 달고 지낸다.

그러나 이런 질책은 아기들의 심신 발달에 도움이 되지 못한다. 그것보다는 말을 사용하지 않고 눈이나 얼굴 표정으로 꾸짖는 것이 좋다.

아기는 엄마의 표정에 민감하기 때문에 말을 듣지 않아도 '엄마가 화가 났구나.' 하는 것을 알아챈다. 태어나면서부터 이런 방법을 사용하면 분별력 있는 아이로 자랄 수 있게 된다.

분별력이 있는 아이로 키우고 싶다 ②

아기와 떨어져 있다가 다시 만날 때는 꼭 안아준다

엄마가 직장생활을 하는 경우에는 아기와 같이 있는 시간이 아무래도 적다. 그런 엄마 가운데는 아이가 애정 결핍으로 우울한 성격이 되거나 부모의 말을 잘 듣지 않게 될까 봐 걱정하는 사람이 많다.

그러나 아기와 함께 하는 시간의 길이보다는 어떻게 지내느냐가 중요하다. 직장에서 돌아와 아기와 만날 때 환하게 웃으며 꼭 안아주도록 한다. 직장 일에 시달리고 시간에 쫓기다 보면 아기에게 애정 표현을 하기는 어려울 것이다. 그러나 아기는 엄마가 돌아오는 것을 무척이나 기다리고 있기 때문에 피부로 느끼는 엄마의 느낌을 민감하게 받아들인다.

비록 오랜 시간을 함께 지내지는 못하더라도 엄마가 충분히 애정을 쏟으면 아기는 솔직하고 분별력 있는 아이로 자라게 된다.

분별력이 있는 아이로 키우고 싶다 ③

어떤 아이로 키울 것인가 하는 확고한 신념이 필요하다

부모는 누구나 자기 아이를 분별력 있는 아이로 키우고 싶어한다. 그러나 부모의 소망이나 부모가 원하는 형태에 무리하게 짜맞추려는 것은 옳지 않다.

여자아이라면 누구에게나 온화하고 부드러운 자세로 대할 수 있도록, 남자아이라면 성실하고 옳은 일에 소신 있게 행동을 할 수 있도록 키우겠다는 방침을 세워야 한다. 그것을 지주로 삼아 아이는 성실하고 올바르게 자랄 수 있게 된다.

분별력이 있는 아이로 키우고 싶다 ④

해서는 안 되는 일을 했을 때, 비슷한 체험을 하게 한다

기어다니기 시작하던 아기가 붙잡고 서기도 하고, 어느 사이엔가 한 걸음씩 걷기 시작하는 것을 보는 엄마의 기쁨은 무엇에도 비길 바가 아니다. 그러나 이렇게 행동 범위가 넓어짐에 따라 위험한 것을 만지거나, 먹어서는 안 되는 것을 입에 넣거나 해서 잠시도 엄마가 눈을 뗄 수 없게 된다.

이때 엄마들은 어떻게든 아기가 해야 할 것과 해서는 안 되는 것을 분별할 수 있도록 가르치려고 한다. 위험한 일을 했을 때 엉덩이를 때려주는 것이 효과적이라는 사람도 있으나 12개월 미만의 아기에게는 체벌을 가하는 것이 좋지 않다.

그것보다는 해서는 안 되는 일을 했을 때 결과가 어떻게 되는지 비슷한 체험을 하도록 한다. 뜨거운 것을 만지려고 할 때, 그다지 뜨겁지 않은 것을 아기의 손에 살짝 대면서 큰 소리로 '앗 뜨거워.'라는 표정을 아기에게 해보인다.

이런 경험을 통해 아기는 해도 되는 일과 해서는 안 되는 일을 차츰 분별하게 된다.

분별력이 있는 아이로 키우고 싶다 ⑤

아기가 식사를 할 때는 텔레비전을 끈다

어릴 적부터 여러 가지를 동시에 하면서 자란 탓인지 최근 젊은 엄마들은 아기를 키우면서도 여러 가지를 동시에 하는 경우가 있다. 아기에게 젖을 먹이면서 텔레비전을 보는 엄마도 있는데, 그렇게 되면 아기는 텔레비전을 하루 종일 보는 것이라고 생각하면서 자라게 된다.

아기가 분별력 있는 아이르 자라기를 바란다면 어릴 적부터 분별 있는 일상 생활을 보여주어야 한다.

식사 중에 아이가 장난하며 텔레비전을 보는 것은 부모 때문이다. 분별력 있는 아이로 키우기 위해서는 부모가 일상 생활에서 그 본보기가 되어야 한다.

침착한 아이로 키우고 싶다 ①

아기가 부모의 생각대로 되지 않더라도 긴장하지 않는다

아기가 수유시간대로 우유를 마시지 않거나 육아가 생각대로

잘 되지 않을 때 엄마는 초조해진다. 시간이 채 되지도 않았는데 우유를 먹으려고 하거나 시간이 훨씬 지났는데도 먹을 생각을 하지 않는 아기도 있다.

이럴 때 너무 많이 먹어서 뚱뚱해지지는 않을까, 어디가 아프지는 않은가 하고 엄마는 안절부절못하게 되는데, 엄마가 정신적으로 긴장하게 되면 자연히 아기도 침착성을 잃게 된다.

중요한 것은 육아시간을 지키는 것이 아니라, 아기가 긴장을 풀고 쉴 수 있도록 해주는 것이다.

모유를 먹이는 경우, 시간에 구애받지 말고 아기가 먹으려고 하는 시간에 먹도록 해준다.

특히 밖에서 일하는 엄마의 경우에는 수유시간에 많은 시간을 할애하면 아기와의 스킨십 시간이 줄어든다고 생각하는데, 이것은 잘못된 생각이다. 시간이 적을수록 가능한 한 아기와 접촉하는 시간을 많이 갖도록 해야 한다.

침착한 아이로 키우고 싶다 ②

엄마가 보이지 않는 곳에서 혼자 놀게 한다

아기를 재울 때는 위험을 방지하기 위해 엄마의 시야가 미치는 범위에 두어야 한다.

그러나 차츰 혼자 지내는 기회를 만들어준다. 특히 혼자서 놀 때는 엄마가 보이지 않는 곳에서 놀도록 놓아둔다.

늘 엄마가 보이는 곳에서 놀게 하면 자연히 아기는 혼자 있는 시간에 불안감을 느끼게 된다.

이런 반응은 18개월째 정도에 나타나는데 엄마가 보이지 않으면 두려워하고 안절부절못한다. 그 가운데는 6살이 되어서도 엄마 곁을 떠나려 하지 않고 혼자 늘지 못하는 아이가 있다. 혼자서 노는 훈련을 시키지 않았기 때문에 응석받이가 되는 것이다.

침착하고 정서가 안정된 아이로 키우기 위해서는 한 살 때부터 조금씩 엄마와 떨어져 지내는 연습이 필요하다.

침착한 아이로 키우고 싶다 ③

첫 아기라도 육아에 자신감을 갖는다

첫 아기를 낳아 기르는 엄마는 모르는 것이 너무 많아 하루하루가 불안하다고 해도 지나치지 않을 것이다. 그러나 '나는 최선을 다한다', '잘하고 있다'는 자신감을 갖는 것이 무엇보다 중요하다.

엄마가 육아에 자신이 없어 안절부절못하고 초조해하면 그것이 아기에게 그대로 전해져서 정서가 불안정한 아이로 자라기 쉽다.

예를 들어, 적어도 3개월 이상은 모유를 먹이고 싶은데 모유가 잘 나오지 않아 분유를 먹여야 할 경우가 있다. 엄마가 미안한 마음을 갖게 되면 표정이 어두울 것은 당연하고, 아기는 그것을 그대로 느끼게 된다.

아기는 엄마 곁에서 정서를 만들어 가므로 엄마의 심리적 불안이 그대로 아기에게 전해진다. 따라서 엄마는 언제나 밝은 표정으로 아기를 대해야 한다.

원만한 성격의 아이로 키우고 싶다 ①

육아에 관한 다른 사람의 의견은 듣는 정도로 끝낸다

엄마가 느긋한 마음으로 아기를 기르게 되면, 아기도 자연히 느긋한 성격을 갖게 된다. 요즈음은 원래 느긋한 성격이었던 엄마마저 정보화 시대에 살다 보니 조급해지는 경향을 띤다.

현대의 육아는 할머니나 경험자에게 조언을 받는 것보다는 육아 서적을 통해 많은 지식을 얻는데, 육아 서적에는 월령별로 나타난 평균치가 게재되어 있다.

그러다 보니 엄마는 아기가 평균치에서 조금 모자라거나 말하고 기고 걷는 것이 조금만 늦어져도 불안해하거나 걱정하게 된다. 그러한 엄마의 불안한 마음은 아기에게 곧 전해진다. 그렇게 되면 밝고 느긋한 성격의 아이로 자라나기 어렵다.

아픈 곳이 없이 건강하다면 평균 발달치에 조금 모자라더라도 엄마는 자신감을 갖고 나름대로 육아법을 연구해가는 자세가 필요하다. 그러므로 일반 서적이나 다른 사람의 의견은 참고자료로만 생각하는 것이 좋다.

원만한 성격의 아이로 키우고 싶다 ②

같은 또래의 아기를 키우고 있는 사람과 사귄다

첫 아이를 키우는 엄마는 한 과정을 지날 때마다 더 좋은 방법, 아이에게 더 잘 맞는 방법, 부작용을 적게 하기 위한 방법을 늘 세심하게 신경쓴다.

우유를 바꿔 먹일 때의 분량은 어느 정도로 해야 하는지, 이유식은 어느 때부터 어떻게 해야 하는지, 좋다는 치즈나 과일즙은 언제부터 어떻게 만들어 먹이면 좋은지, 설사를 할 때는 어떻게 먹여야 하는지 등 궁금한 것이 산적해 있다.

이럴 때는 같은 또래의 아기를 키우고 있는 엄마와 사귀면 많은 도움이 된다. 서로 이야기를 나누다 보면 새로운 육아법이나 이유법을 고안해낼 수도 있기 때문이다.

아기들마다 차이점이 있고 식성도 다르기 때문에 모두 같을 수는 없지만, 다른 아기들을 참고로 하여 좋은 방향으로 아기를 키울 수 있다. 그렇게 되면 엄마는 자신감이 생겨 여유를 가지게 되므로 아기도 그런 엄마의 영향을 받아 여유 있고 느긋한 성격으로 자라게 된다.

원만한 성격의 아이로 키우고 싶다 ③

걱정스러운 일은 남편과 의논한다

어느 엄마나 아기를 잘 키우기 위해 노력하고 늘 세심한 배려를 한다. 그러나 밤에 갑자기 울거나 열이 날 때는 불안하고 초조해지며 육아법이 잘못된 것은 아닌가 하여 자신을 질책하게 된다.

아기는 엄마가 안심하고 느긋한 마음으로 키우는 것이 무엇보다 중요하다. 그렇지 않은 경우 아기에게는 물론이고 가정 전체가 원만하지 못하게 된다.

육아에 관해서는 아빠보다 엄마가 잘 아는 것은 당연한 일이다. 그러나 육아와 가사에 치중하다 보면 남편과도 잦은 말다툼이나 신경전을 벌일 수 있다. 따라서 아기에게 어떤 일이 생겼을 때 남편에게 이야기해서 함께 해결하면 마음이 안정되고 스트레스도 풀리게 된다.

무엇보다 부모의 몸과 마음이 안정되어야 아기도 잘 자랄 수 있다는 것을 염두에 두어야 한다.

원만한 성격의 아이로 키우고 싶다 ④

아기가 울면 거울 앞에서 엄마 자신의 모습을 살핀다

첫 아기를 낳은 젊은 엄마들은 한결같이 "육아가 이렇게 힘든 것인 줄은 몰랐다."고 말한다. 특히 처음 1, 2개월은 밤에는 젖을 먹이기 위해 몇 번씩 일어나야 하고, 기저귀를 갈아주어야 하는 등 아직 적응하는 단계이므로 무척 피곤하다. 산후 조리도 잘 되지 않은 상태에서 아픈 곳도 많고 청소, 세탁 등 가사가 겹쳐 무심결에 표정이 굳어지고 말수도 적어진다.

엄마가 늘 그런 상태에 있으면, 아기는 기저귀가 젖지도 않았고 배가 고프지도 않은데 울게 된다. 그러므로 아기가 까닭 없이 울 때는 엄마 자신의 표정을 거울에 비춰볼 필요가 있다. 아기가 엄마 대신 울고 있는 것이라고 생각하면 된다. 엄마는 언제나 느긋한 마음으로 자신의 표정에 주의를 기울여야 한다.

자신감 있는 아이로 키우고 싶다 ①

때로는 엄마도 육아에서 벗어나 기분 전환을 한다

하루 중에서 오후 4, 5시가 되면 엄마는 피곤해진다. 특히 병이 났거나 이유식을 잘하지 않거나 밤에 몇 번씩 깨어 우는 등 생각대로 육아가 잘 되지 않으면 매우 근심스럽다. 그런 엄마의 태도는 3~7개월 정도의 아기에게 크게 영향을 미쳐 성격 형성어 문제를 일으킨다.

아기가 말을 조금씩 하기 시작하면 엄마의 표정을 살피게 되는데, 그런 아기는 늘 초조해하며 자신감을 잃고 안절부절못한다. 그러므로 엄마도 이따금 아기에게서 벗어나 쌓인 피로를 풀고 여유를 되찾아야 한다.

주위에 있는 아기의 외할머니나 친할머니, 남편 등의 협력을 받아 반나절 정도 쇼핑을 하거나 스포츠를 하며 스트레스를 푸는 것이 좋다.

육아는 엄마 혼자만의 일이 아니므로 늘 기분 전환을 할 수 있는 지혜를 생각해내고, 마음을 편히 가져야만 아기도 자신감을 가질 수 있다는 생각을 해야 한다.

자신감 있는 아이로 키우고 싶다 ②

다른 아기와 비교하지 말라

"우리 아기는 옆집 아기보다 발육이 늦어요." "첫돌이 거의 같은데 우리 아기가 훨씬 작아요."라고 말하는 엄마가 있다. 또 남편과 가족들 앞에서도 그런 이야기를 서슴없이 하는 경우가 있는데 이런 것은 피해야 한다.

생후 10~11개월이나 첫돌을 전후해서는 아기가 엄마의 이야기를 다 알아듣지는 못해도 표정이나 태도로 어느 정도 의미는 알아채게 된다.

잘 걷지 못하는 아기에게 억지로 걷는 연습을 시키거나 말을 잘 못하는 아기에게 말하도록 강요하는 것은 아기의 정신건강에 해롭다. 아무리 갓난아기라도 다른 아기와 비교당하게 되면 신경질적인 성격을 갖게 될 염려가 있으므로 주의해야 한다.

신경질적인 아이로 키우고 싶지 않다 ①

생후 2, 3개월부터 잠자는 장소를 때때로 바꿔준다

엄마의 신경이 예민하다고 해서 반드시 아기도 신경질적으로 자란다고 볼 수는 없다. 때로는 부모가 모두 느긋한 성격인데 아기만 유난히 신경질적인 경우도 있다. 엄마도 아기에 대해 과민하게 대하지 않았는데, 커가면서 점점 신경질이 늘어가는 것은 무엇 때문일까?

실은 그런 원인 가운데 하나가 '소리'이다. 하루 종일 같은 장소에 아기를 눕혀 놓으면 부엌에서 설거지하는 소리, 세탁기 도는 소리, 텔레비전과 전화벨 소리 등 항상 똑같은 소리만 듣게 된다.

조용한 집에서는 그것이 같은 높이와 크기로 들리게 되는데, 그런 환경에 놓인 아기는 다른 소리를 듣게 되면 과민반응을 나타내게 된다.

청력이 발달되는 생후 2, 3개월부터는 여러 가지 소리에 적응하도록 밤에는 조용한 곳에, 낮에는 차 소리나 외부의 소리가 들리는 곳에 재우는 것이 소리에 빨리 적응하고 과민반응을 보이지 않는 방법이 된다.

신경질적인 아이로 키우고 싶지 않다②

아기가 잠든 후에라도 보통 말소리로 이야기한다

아기가 잠들면 텔레비전 소리를 줄이고 말소리를 죽이는 것이 보통이다. 잠든 아기를 깨우지 않고 오래 자게 하려는 것이다. 그러나 아기는 한 번 잠들면 좀처럼 깨지 않기 때문에 굳이 조용히 할 필요는 없다. 오히려 아주 작은 소리라도 내지 않으면 아기는 조금만 큰 소리가 나도 놀라서 깬다.

보통 주변에서 일어나는 소리를 아기가 익힐 수 있도록 하는 것이 아기를 위해 좋다. 엄마가 소리를 내지 않으려 해도, 밖에서 지나가는 차 소리나 옆집에서 나는 소리들은 어차피 막을 수가 없기 때문이다.

극단적으로 공장 옆이나 기찻길 옆이라도 아기는 정상적으로 자랄 수 있다. 물론 아주 큰소리를 낼 필요는 없으나 일상적인 생활의 소리들을 익히게 해주는 것이 신경질적인 아이로 만들지 않는 비결이다.

자제력 있는 아이로 키우고 싶다

장난감은 적게 준다

지금 우리 나라 어린이들에게서 물건을 아끼지 않는 현상이 일어나고 있는데, 아기들의 세계에서도 그런 현상이 점점 늘고 있다.

예를 들어 가지고 놀 수 없을 만큼의 많은 장난감과 그림책을 주는 엄마들이 많은데, 그것은 결코 좋은 현상이 아니다. 지나치게 많은 장난감을 주면 주의가 산만해지거나 집중력이 떨어진다. 그 뿐만 아니라 물건을 소중히 생각하는 습관을 들이기가 어렵다.

따라서 참을성 있고 자제력이 강한 아이로 키우기 위해서는 장난감이나 책을 적게 주어서 싫증이 날 때까지 갖고 놀게 하며, 같은 책을 몇 번이고 되풀이해서 읽도록 해야 한다.

이 경우 단순히 장난감의 수를 적게 주는 것만이 아니라, 아기의 발육에 맞는 것을 잘 선택해서 그때그때 주도록 한다. 그렇게 되면 아이는 자신에게 가치 있다고 생각하는 것은 중요하게 취급하기 마련이다. 장난감과 마찬가지로 옷과 모자, 신발도 소중하게 사용하도록 가르치면 절제 있는 아이로 자라나게 된다.

응석받이로 키우고 싶지 않다

육아 방침에서 의문나는 부분은 부모의 의견을 우선한다

할머니 할아버지와 함께 지내는 아기는 핵가족 가정에서 자라는 아기와 달리 조용하고 온화한 성격을 갖게 된다. 동시에 버릇이 없거나 응석받이로 자라는 경우도 볼 수 있다. 조부모와 함께 지내다 보면, 아무래도 응석을 받아주게 되기 때문이다.

부모가 절대로 응석받이로 키우지 않겠다고 생각해도 조부모가 따라주지 않으면 소용이 없다. 이러한 육아 방침의 차이에서 부모와 조부모 사이에 충돌이 끊이지 않게 된다.

이런 트러블을 피하고, 아기를 일관성 있게 키우기 위해서는 확실한 가정 전체의 방침을 정해야 한다. 그래도 의견 대립이 생길 때는 부모의 의견을 우선적으로 한다. 왜냐하면 육아에 대한 책임은 부모에게 있으므로 아기에게 혼란을 일으키지 않기 위해서도 반드시 그렇게 해야 한다.

그러나 부모와 조부모 사이에서 많은 사랑을 받고 자라게 되면 원만한 성격을 가지게 된다.

버릇없는 아이로 키우고 싶지 않다

3개월까지는 울 때 안아주지만, 3개월이 지난 후에는
응석부리며 울어도 안아주지 않는다

아기는 3개월이 지나면 엄마에게 응석을 부리며 안아달라고 울기 시작한다.

안아주면 이내 울음을 그치지만 다시 눕히면 울어버린다. 이렇게 울 경우에는 안쓰럽더라도 안아주지 않는다.

3개월까지는 응석을 부리는 것이 아니기 때문에 울거나 토채면 금방 안고 달래주어야 한다. 그러나 3개월 이후에는 자주 안아주거나 응석을 받아주면 버릇이 들고, 자기 마음대로 되지 않으면 떼를 쓰게 된다.

울기 시작해서 30분쯤 엄마가 모르는 체하며 하던 일을 계속 하면 아기는 울음을 그치고 잠이 들어버린다.

그러나 너무 오래 계속 우는 것은 응석을 부리는 것이 아닐지도 모르므로, 이때는 안아서 토닥거리며 재워보도록 한다.

아빠를 잘 따르는 아이로 키우고 싶다

남편에게 도움을 청하고, 아기와 함께 체조를 하게 한다

보통 아빠들은 일이 바쁘기 때문에 아기와 함께 하는 시간이 너무 적다. 그래서 아기의 꾀가 늘어가는 6~8개월에는 아빠를 잘 모르기 때문에 반가워하거나 웃지 않게 된다. 이런 경우, 아빠의 입장에서 보면 매우 섭섭한 일이다.

따라서 그런 아빠들은 휴일에 오랜 시간을 아기와 함께 놀아주어야 한다. 이때는 장난감을 가지고 놀기보다는 스킨십을 높이는 놀이를 하는 것이 효과적이다. 아빠가 아니면 할 수 없는 놀이를 통해 아기는 아빠를 기억하게 된다.

아기를 높이 올려서 들기, 발목을 잡고 세우기, 발과 배를 받치고 거꾸로 들어주기 등 엄마가 할 수 없는 놀이를 아빠와 함께 하는 것이 좋다.

스스로 자신의 일을 하는 아이로 키우고 싶다

잠자리에 들기 전 잠옷으로 갈아입힌다

갓 태어난 아기에게도 밤에 잘 때 잠옷으로 갈아입히는 엄마가 늘고 있다. 이것은 위생면에서 볼 때 매우 좋은 일이다.

이 시기의 아기는 신진대사가 원활히 이루어지고 있기 때문에 땀이 많이 나므로 옷을 갈아입히는 것이 중요하다. 또 옷을 갈아입힐 때 아기 몸에 공기가 닿기 때문에 피부를 튼튼히 하는 데도 좋다.

뿐만 아니라 아기의 정서적인 면에도 큰 도움을 준다. 잠자리에 들기 전에 갈아입히는 습관이 커서도 자기 일은 자기가 스스로 처리할 수 있는 아이로 자라게 한다.

또한 새로운 옷의 감촉과 청결하고 깨끗한 인상이 아기를 기분 좋게 만든다.

인사성이 바른 아이로 키우고 싶다

아빠가 출근할 때, 손님이 돌아갈 때, 손을 흔들며
빠이빠이하는 것을 가르친다

첫돌을 전후해서 아기는 간단히 '엄마', '맘마' 정도의 말을 할 수 있게 되고 손과 몸놀림이 자유로워져 살아 있는 주위의 것을 보고 흉내를 낸다. 가르쳐주지도 않은 동작을 흉내내고 따라하는 이 무렵에 인사하는 것을 가르칠 수 있다.

아직 빠르다고 생각하는 사람도 있으나 '빠이빠이', '안녕' 등의 간단한 것은 금방 기억한다. 빠른 아기는 8개월 무렵에 이미 빠이빠이를 하게 된다. 이것은 손을 흔드는 동작이 간단하기 때문인데, 엄마가 아기의 손목을 잡고 아빠가 출근할 때 함께 흔들어주면 된다. 엄마가 옆에서 빠이빠이를 하면 아기는 옆에서 반사적으로 손을 흔들어 보인다.

이런 습관을 들이면 '고맙습니다', '안녕하세요' 등의 간단한 인사를 꾸벅꾸벅 고개를 숙여가며 잘하게 된다. 또한 가족들이 서로 인사하는 모습을 보여주면 아기도 그대로 따라하게 된다.

뒤처리를 잘하는 아이로 키우고 싶다

엄마가 정리용 상자에 장난감을 넣는 것을 보여준다

아기가 11~12개월이 되면 장난감을 가지고 놀게 된다. 그러나 이 시기에는 놀고 난 장난감을 정리하는 것은 무리이며, 여기저기 늘어놓는 것이 보통이다. 단지 정리정돈을 잘하게 하려면 지금부터 가르치는 것이 효과적이다.

아기는 엄마의 세심한 행동까지 흥미를 가지고 지켜보고 있다. 늘어놓은 장난감을 엄마가 "우리 함께 정리하자."고 말하면서 정해진 곳에 상자를 놓고 장난감을 집어넣으면 아기는 그대로 따라하기 때문에 습관을 들일 수가 있다.

혹시 잘 따라하지 못하더라도 중요한 것은 실제로 정돈하는 모습을 보여주는 것이 좋다.

혼자서 잘 노는 아이로 키우고 싶다

혼자 있게 할 경우에는 눈을 바라보며 반드시 한마디라도
붙이고 방을 나간다

아기를 하루라도 빨리 혼자 놀 수 있도록 하기 위해 냉정하게 떼어놓는 엄마가 있다. 그러나 이것은 오히려 역효과를 불러일으킬 수 있다. 아기는 갑자기 혼자 있게 되면 불안해지고 더욱 엄마를 찾게 된다.

혼자서 놀게 하려면 엄마가 옆을 떠날 때, 알아듣지 못하더라도 어떤 말이라도 해서 아기를 안심시켜야 한다.

특히 5, 6개월된 아기에게 엄마가 눈을 바라보며 "조금만 기다려. 금방 올게." 하는 부드러운 말을 해주면 아기는 안심하고 혼자 놀게 된다.

물건을 소중히 다루는 아이로 키우고 싶다

장난감은 계획성 있게 사준다

장난감은 아기가 소유했다고 느낄 수 있는 최초의 '물건'이다. 아기가 물건을 소중히 생각하는 아이로 자랄 수 있는지 없는지는 장난감에 의해 결정된다고도 할 수 있다.

아기가 점점 커가고, 눈에 띄게 매일 달라지는 모습을 브면서 부모들은 아기를 위해 무엇이든 다 사주고 싶어한다. 그러나 역시 계획성이 필요하다.

먼저 눈에 띄는 장난감을 모두 사주는 것보다는 조금 값이 비싸더라도 견고하고 오래 갖고 놀 수 있는 것을 사는 것이 좋다. 오래 갖고 노는 장난감에 애착을 느끼기 때문이다.

아이들에게는 장난감이 보물과도 같은 것이다. 금방 망가지거나 해지는 것은 아이들을 실망시키므로 견고하고 튼튼한 것으로 사주도록 한다.

밤에 우는 버릇을 고치고 싶다 ①

밤에 우는 아기는 몸을 가볍게 두드리며 얼러준다

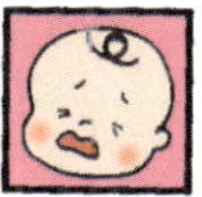

낮에 갑자기 놀라거나 여행을 해서 환경이 바뀌었을 때, 또는

꾀가 늘어가기 시작하는 5, 6개월경에는 밤에 우는 아기가 생기기 시작한다. 밤에 아기가 갑자기 큰 소리로 울게 되면 엄마는 아기가 아픈 줄 알고 걱정한다. 하지만 그것은 정서가 발달해가는 과정에서 생길 수 있는 일이다. 이때는 아기의 몸을 가볍게 두드리며 "자장, 자장 우리 아가."라는 말로 얼러준다. 그래도 계속 울면 업어주거나 젖을 먹이면 금방 잠들게 된다.

그 밖에도 잠을 방해하는 다른 요인이 있을지 모르므로 기저귀도 살펴보고, 방안의 온도와 소음을 살핀 뒤 원인을 제거해준다.

밤에 우는 버릇을 고치고 싶다 ②

산책을 하거나 잠자기 전에 목욕을 시켜서 적당한 피로감을 준다

아기가 밤에 울면 엄마는 수면 부족으로 피로해져서 괴로움을 겪게 된다. 환경을 바꾸어 주었는데도 계속 우는 아기는 심리적인 원인을 생각해볼 수 있다.

꾀가 늘어가고, 정서 발달이 빨라지는 8개월에서 2살 반 정도의 아기들이 밤에 울 때는 대부분 심리적인 원인 때문이다.

이런 아기들은 규칙적인 생활을 통해 리듬이 깨지지 않도록 해주는 것이 좋다. 또한 적절한 운동이나 목욕으로 적당히 피로감을 느끼게 하면 밤에 잘 자게 된다.

밤에 우는 버릇을 고치고 싶다 ③

말을 지나치게 많이 하지 않는다

아기가 밤에 우는 원인 가운데 하나는 과잉보호이다. 이렇게 말하면 이상하게 생각할 수도 있지만, 지나치게 간섭하고 잔소리하는 것은 아기에게 스트레스를 쌓이게 한다. 또 많은 사람들이 모인 곳에서 이 사람 저 사람에게 시달리게 되면 아기는 긴장하게 된다. 말을 붙이는 것 자체는 좋지만 지나치면 오히려 역효과를 가져온다.

그럴 때는 말을 하지 않고 얼굴을 보고 웃어주거나 안아주는 정도가 아기에게는 편하게 느껴진다.

밤에 우는 버릇을 고치고 싶다 ④

엎드려서 재워본다

밤마다 깨어서 우는 아기를 달래는 일은 이만저만 어려운 일이 아니다. 이럴 때는 아기를 엎드려 재우면 뜻밖에도 잘 잔다. 아기의 가슴과 배, 발 쪽에 이불을 덮어주면 엄마의 품 속과 같은 안정감을 얻을 수 있기 때문이다. 단, 얼굴이 이불에 파묻혀 코가 막히지 않도록 주의한다.

요즈음은 처음부터 아기를 엎드려 재우는 엄마들이 많다. 어느 것이 더 좋은 방법이라고 할 수는 없으나 각별한 주의가 필요하다.

밤에 우는 버릇을 고치고 싶다 ⑤

환경이 바뀌었을 때는 품에 안고 재운다

평소에는 잘 자던 아기라도 여행중이거나 다른 장소에서는 갑

자기 울거나 열이 나거나 식욕부진을 일으키게 된다. 이런 경우에는 정서 불안이나 밤에 우는 습관을 들이기 쉽다.

아기가 어릴 적에는 되도록 여행을 피하는 것이 좋지만, 꼭 필요한 경우에는 안정을 할 수 있도록 엄마가 안고 재우도록 한다. 엄마의 살갗과 맞닿는 느낌으로 환경 변화에서 오는 불안을 어느 정도 떨쳐버릴 수 있다.

오랫동안 칭얼대며 우는 버릇을 고치고 싶다① 

까닭 없이 우는 아기에게는 보리차나 묽은 과즙을 준다

젖을 먹을 시간도 아닌데 계속 우는 아기가 있다. 아무리 얼러도 계속 울 때는 몸에 이상이 있거나 목이 마르기 때문이다.

아기의 몸은 엄마가 상상하는 것 이상으로 수분을 필요로 하고 있다. 어른의 3, 4배의 수분이 필요한데, 물론 이것은 체중 1kg에 대한 비교이다. 땀이 많이 나는 여름철에는 물론이지만, 겨울철에도 의외로 땀을 많이 흘리고 소변을 보기 때문에 충분한 수분을 섭취하도록 한다.

목이 마를 때 우유를 줄 수도 있으나 계속 우유만 주면 소화불량이나 비만에 걸릴 우려가 있으므로 묽은 과일즙이나 보리차를 먹이면 좋다.

오랫동안 칭얼대며 우는 버릇을 고치고 싶다② 

안고 어르기보다는 눈으로 얼러준다

생후 4개월이 되면 배가 고프거나 기저귀가 젖지 않았는데도 혼자 놓아두면 칭얼거리며 운다. 이럴 경우 울 때마다 안아줄 수도 없고, 우는 아이를 그냥 두면 정서가 불안해지므로 안아주지 않을 수도 없는 어려운 상황에 처하게 된다.

이때 눈으로 아기를 얼러주고 웃어주면 아기는 훨씬 마음이 안정되어 울음을 그치게 된다.

떨어지지 않으려는 버릇을 고치고 싶다

일을 하고 있을 때는 웃는 얼굴로 이야기한다

아기가 기어다니기 시작하면, 엄마 주위를 빙빙 돌며 잠시도 떠나지 않는다. 열심히 기어다니는 모습이 귀엽고 대견하지만, 자유롭게 몸을 움직이게 되면 엄마가 가는 곳마다 따라다녀 집안 일을 제대로 할 수 없게 된다.

이때 엄마는 "가서 혼자 놀아!"라고 큰 소리를 친다. 그러던 아기는 불안감을 느끼고 더욱 엄마 주위를 맴돌게 된다. 그러나 엄마가 웃는 얼굴로 아기를 바라보며 칭찬해주면 아기는 더 열심히 기는 연습을 한다.

일을 할 때는 서서히 거리를 두어야 하며 아기를 재워놓고 일을 하는 것도 한 방법이다. 아기는 비록 말을 알아듣지는 못하지만 엄마의 표정과 태도에서 안정을 찾을 수 있다.

안기려는 버릇을 고치고 싶다 ①

3개월까지는 울 때 곧 안아준다

생후 2개월 된 아기가 울 때 안아주지 않고 내버려두는 엄마가 있다. 확실히 자주 안아주다 보면 습관이 되어 매우 고치기가 어렵기 때문에 어릴 때부터 가능한 한 안아주는 버릇을 들이지 않으려고 하는데 이것은 오히려 역효과를 낸다.

태어난 지 2, 3개월 된 아기는 늘 엄마의 체온을 느끼며 안정을 얻는다. 특히 6개월 이후에 꾀가 늘어가기 시작하는 아기가 안기는 것을 거부당하면 응석을 부리며 우는 버릇이 생기게 된다.

생후 2, 3개월 된 아기는 오히려 안아주는 것이 필요하다. 만약 바쁘거나 일이 있을 경우에는 "지금 곧 간다."라는 식의 말을 해서 아기를 안심시킨다.

안기려는 버릇을 고치고 싶다 ②

3개월 이후에는 울어도 안아주지 말고 장난감을 준다

'아기는 우는 것이 일이다'라는 말이 있다. 그렇다고 아기가 울 때마다 안아주는 것은 잘못이다. 아기에게 안아주는 버릇을 들이면 아무래도 의존적이며 버릇없는 아이로 자랄 가능성이 크다.

그런 버릇을 들이지 않기 위해서는 좋아하는 장난감을 주는 것도 한 방법이다. 3~5개월 된 아기는 무언가에 흥미를 느끼면 그것에 몰두하게 된다.

예를 들어 천장에 매달린 전등을 잠자코 바라보기도 하고, 손가락을 들여다보다가 싫증이 나면 울어버린다. 이때 흥미있는 장난감을 주면 울음을 그치고 몰두하게 된다. 싫증이 나면 다시 울지만 장난감을 준 만큼 안지 않는 시간이 늘어감에 따라 안는 버릇을 없애게 된다.

안기려는 버릇을 고치고 싶다 ③

6개월이 지나면 안아달라고 졸라도 울도록 놔둔다

아기는 6개월이 지나면 점점 꾀가 늘어서 울 때 곧 안아주면 아기 나름대로 '아! 울면 안아주는구나.'라고 생각하고 우는 버릇이 생기게 된다. 아기에 따라서는 안고 있던 상태에서 눕히거나 앉혀도 곧바로 울음을 터뜨린다.

그렇게 되면 엄마는 아무것도 할 수 없고, 화장실에 갈 때도 아기를 업고 가야 하는 경우가 생긴다. 잠시도 엄마에게서 떨어지려고 하지 않는 것이다.

이 시기의 아기는 운다고 곧바로 안아주는 것은 금물이다. 잠시 그냥 두고 살피다가 계속 울면 먼저 말을 붙이며 어른다. 우유를 주고, 기저귀를 갈아주어도 계속 울 때는 몸을 가볍게 두드려주고 되도록 안아주지 않는 방법을 연구한다.

아기의 나쁜 버릇을 고쳐주고 싶다

아기의 버릇이 걱정될 때는 그냥 못본 척한다

어떤 아기나 여러 가지 버릇을 갖게 마련이다. 손톱을 물어뜯거나 손가락을 빨거나 자신의 옷을 빨기도 한다.

이런 아기의 버릇을 고치려고 지나치게 신경 쓰다 보면 엄마 자신이 신경질적인 반응을 보이고 쓸데없는 체벌을 가하기도 한다.

그렇게 되면 아기의 마음을 불안하게 만들어 버릇을 오래 지속시키며 밤에 울거나 오줌을 싸게 된다.

따라서 무리하게 교정시키려 하지 말고 그대로 방치해두는 것이 아기의 안정을 위해 더 좋은 방법이다. 일정한 시기가 지나면 그런 버릇은 없어지기 때문이다.

손가락 빠는 버릇을 고치고 싶다

손과 손가락을 사용하는 장난감을 준다

손가락 빨기는 아기의 본능적인 동작이기 때문에 2~10개월 사이의 아기에게는 그것이 매우 자연스러운 행동이다. 그러나 너무 지나치면 엄마는 당연히 염려하게 된다. 틈만 나면 손가락을 빨고 잠시라도 빠는 것을 중지시키면 울며 저항하고 포만감을 느낄 때도 손가락 빠는 일을 그치지 않는다. 그래서 손톱이 불어나는 경우까지 생긴다.

이때 엄마는 아기에게 장난감을 주고 노는 것을 보여준다. 손가락을 사용해서 노는 장난감이라도 금세 빠는 버릇을 고칠 수는 없다. 그러나 차츰 빠는 시간이 줄어들어 무리하게 금지시키지 않고도 고칠 수 있게 된다.

아무것이나 입에 넣는 버릇을 고치고 싶다 ①

위험한 것을 먹으려 할 때는 코를 잡아당긴다

6, 7개월이 되면 차츰 이가 나기 시작하므로 잇몸이 근질거려서

아무것이나 입에 넣고 물어뜯는 버릇이 생긴다. 이때는 위험하지 않은 것은 입에 넣고 씹어도 괜찮지만, 위험한 것을 입에 넣거나 씹으면 입술과 잇몸이 다치게 되므로 매우 위험하다.

아기의 빨고 무는 힘은 생각보다 훨씬 강하다. 엄마들이 손가락을 물리면 상당히 아프다는 것을 몇 번씩 경험했을 것이다.

아기가 위험한 것을 입에 물었을 때 무리하게 빼앗으려 하지 말아야 한다. 이때 코를 꽉 쥐면 저절로 입을 벌리게 되므로 위험한 것을 빼낼 수 있는데, 아기의 눈을 바라보며 꾸짖고 말로 가볍게 주의를 준다. 몇 번 되풀이하면 아무것이나 함부로 입에 넣지 않게 된다.

아무것이나 입에 넣는 버릇을 고치고 싶다 ② 

입술에 손상이 가지 않는 쪽쪽이를 준다

아기는 이가 나기 시작할 때, 아무것이나 빨고 씹고 핥으려 한다. 이것은 잇몸이 가려운 원인도 있으나 입이 심심하기 때문이다.

아기의 이런 행동을 금지시키기보다는 충분히 마음대로 빨 수 있는 장난감을 주어 그 본능을 만족시켜 주는 것이 좋다.

젖꼭지 모양의 쪽쪽이를 물려주면 마음대로 씹고 빨게 된다. 쪽쪽이를 지나치게 빨면 습관이 될까 봐 염려하는데, 아기는 일정한 시간이 지나면 무관심해진다.

머리를 다치지 않게 하고 싶다 

산책이나 외출 등으로 기분 전환을 시켜준다

아기는 어른이 상식적으로 생각할 수 없는 뜻밖의 행동을 하는 것이 보통이다. 무턱대고 물건을 두드리고 집어던지는 것을 흔히 볼 수 있는데, 집안을 좀 어수선하게 하는 것은 그리 문제가 되지 않는다. 그러나 머리를 돌리거나 박치기를 하는 행동은 다칠 위험이 생기므로 조심해야 한다.

생후 10개월이 지나면 빙글빙글 돌거나 벽이나 상 위에 머리를 부딪치는 일이 생긴다. 물론 놀이 방법의 하나라고도 볼 수 있으나 정도가 지나치면 아기의 욕구불만을 표시하는 행위라고도 볼 수 있다.

심각한 정도가 아니면 2살 정도가 지나면 자연히 그런 행동은 하지 않는다. 정도가 심할 때는 아기의 욕구를 풀어주어야 한다. 밖에서 놀게 하거나 함께 산책을 하며 날마다 조금씩 옆에서 도와준다.

신경질적인 버릇을 고치고 싶다 

아기가 잠들 때까지 손을 꼭 잡아준다

졸리거나 잠을 자고 싶을 때 평소보다 보채는 아기가 있다. 때로는 아기가 머리를 뜯고 손가락을 빨고 귀를 후비며 콧구멍을 찌르는 등 위험한 행동을 할 수도 있는데, 이때는 엄마가 염려하지 않을 수 없다.

어느 정도 보채거나 칭얼대는 것은 문제가 되지 않지만, 심할 때는 원인을 찾아 해결해주어야 아기가 편하게 잠들고 성격도 원만해진다. 대부분의 원인은 엄마가 옆에 없다는 심리적인 불안감에서 오므로, 엄마는 아기가 잠잘 시간이 되면 불안감을 주지 않도록 안아주거나 잠들 때까지 옆에 누워서 다독거려 준다.

아기가 머리를 뜯거나 위험한 행동을 할 때, "안 돼."라고 말로 하는 것보다는 아기의 손을 꼭 쥐고 안아주도록 한다. 아기는 심리적으로 안정이 되므로 금방 잠들게 되고 위험한 행동은 점차 줄어들게 된다.

난폭한 행동을 하지 않는 아이로 키우고 싶다

체벌은 절대 하지 않겠다는 육아 방침을 세운다

아기는 컵의 물을 엎지르고 흙을 묻히고 화장품을 부러뜨리고 못쓰게 하는 등 매일 장난을 한다. 그때마다 엄마는 꾸짖거나 손을 찰싹 때려주기도 한다.

엄마는 아기의 버릇을 처음부터 잘 가르치려고 그렇게 하는 것이지만, 되도록 때리지 않는 것이 아기의 정신 건강에 좋다.

때려주면 엄마가 무서워서 위험한 짓은 하지 않을지 모르지만, 맞은 기억이 남아서 2, 3살이 되면, 역으로 사람을 때리는 경우가 생기기 때문이다.

개와 고양이를 못살게 굴거나 같은 또래의 아기를 때리는 등 난폭한 행동을 할 수도 있다. 이런 행위는 한 살 때의 체벌이 큰 영향을 끼친다.

유치원에 다닐 정도가 되면 옳고 그른 일에 대한 분별력이 생기므로 엉덩이를 때려주는 체벌이 효과적이지만, 너무 어릴 때의 체벌은 오히려 좋지 않은 결과를 가져온다.

이불을 걷어차는 습관을 고치고 싶다

추울 때만 잠옷 위에 스웨터를 입혀 재운다

아침에 일어나 보면 아기가 이불을 걷어차 몸이 차가워져 있는 것을 볼 수 있다. 밤중에 눈을 뜰 때마다 이불을 잘 덮어주지만 아기들은 이내 걷어치우고 위로 올라가서 만세를 하고 잔다.

엄마들은 감기에 걸릴까 봐 걱정하지만 아기들은 신진대사가 활발하기 때문에 어른이 생각하는 것 이상으로 몸이 덥다. 그래서 체온을 조정하기 위해 이불을 걷어찬다고 할 수 있다. 여름철에는 상관이 없지만 추운 겨울이나 환절기에는 잠옷 위에 옷을 하나 더 입혀서 재우도록 한다.

엄마들 가운데는 아기를 이불에 폭 싸서 재우거나 얼굴만 내놓고 이불을 덮어씌우는 사람도 있다. 그러나 이것은 아기가 움직일 수 없으므로 조금 두꺼운 웃옷을 하나 정도 덧입혀 재우는 것이 좋다.

낮가림하는 것을 고치고 싶다 ①

다른 사람과 만났을 때, 엄마가 적극적으로 이야기한다

6, 7개월이 되면 기억력이 발달하게 되고 그에 따라 낮가림을 하게 된다. 늘 함께 지내던 사람이 아니면 다가가거나 웃지도 않으며 엄마의 등뒤로 숨어버린다. 이런 정도라면 상관없지만 심한 아이는 큰 소리로 울어버려 사람을 당황하게 만들기도 한다.

이러한 낮가림을 고치기 위해서는 엄마가 늘 아기와 함께 쇼핑을 하고 산책을 해서 많은 것을 보고 느끼게 해주어야 한다. 다른 사람들과 만나서 이야기할 때 적극적인 자세를 보이는 것이 아기의 심리적 불안감이나 경계심을 풀어주는 데 도움이 된다.

낯가림하는 것을 고치고 싶다 ②

처음 보는 사람 앞에서 울 때, 엄마가 안심을 시킨다

아주 어릴 때부터 낯가림을 하는 아기도 있지만 돌이 지난 뒤에도 낯가림을 하며 우는 아기가 있다. 그러나 낯가림을 하지 않는 사교적인 아기도 있다. 환경이나 개인 차가 서로 다르기 때문에 낯가리고 운다고 해서 걱정하기보다는 사람을 식별하는 꾀가 늘어서 그렇다고 생각할 수도 있다.

생후 4, 5개월이 된 아기가 처음 보는 사람 앞에서 왈칵 우는 경우가 있는데, 이것은 낯가림을 한다기보다는 일시적인 일종의 본능적인 불안감 때문이라고 할 수 있다. 이런 경우에는 엄마가 다정한 말과 태도로 아기를 안심시켜 주도록 한다.

상대방도 "아기가 참 예쁘네요." "이름이 뭐지?"라며 말을 붙인다. 아기는 말뜻은 모르지만 말하는 분위기와 엄마의 태도에서 안도감을 느끼고 다른 사람에 대해 낯가림을 하지 않게 된다.

친구를 잘 사귀는 아이로 키우고 싶다 ①

산책할 때, 놀고 있는 아이들을 보게 한다

요즈음은 자녀를 한둘만 낳기 때문에 아이들이 혼자 노는 것에 익숙해져서 다른 아이들과 어울려 노는 데 서툴다. 어른들 사이에서 자란 아이는 자기 주장이 강하고 협조성이 부족해서 커서도 같은 또래의 친구들과 어울리지 못한다.

여러 사람과 잘 어울려 지내게 하기 위해 어릴 때부터 친구를 무리하게 사귀게 할 필요는 없다. 하지만 많은 아이들이 놀고 있는 곳에 자주 데려가주면 다른 사람을 인식하게 되고 친구도 잘 사귈 수 있게 된다.

친구를 잘 사귀는 아이로 키우고 싶다 ② 

같은 또래의 아기와 놀게 한다

놀이터나 공원에서 같은 또래의 아기를 데리고 온 엄마들을 볼 수 있다. 아기에게 다른 아이들이 노는 모습을 보여주는 것도 좋지만, 엄마 자신이 다른 엄마와 사이좋게 이야기를 나누는 모습을 보여준다. 아기는 그런 모습을 관찰하며 엄마와 같이 즐거워한다. 함께 온 아기와 놀게 하면 아기도 안심하고 나름대로 놀이를 즐기게 된다. 그런 모습들을 통해 아기는 친구를 사귀는 것을 배우게 된다.

일찍 자고 일찍 일어나는 아이로 키우고 싶다 ① 

밖에 데리고 나가는 시간을 자주 만든다

목욕을 시키거나 우유를 배불리 먹여도 잘 자지 않는 아기가 있다. 신경이 예민한 아기가 대체로 그런 증상을 보이는데, 잘 자는 아기는 엄마가 아침에 일어나 소란하게 해도 계속 잔다. 지나치게 신경이 예민하거나 무딘 것은 좋지 않다. 규칙적인 생활을 하기 위해 적당한 수면을 취하는 것이 장래를 위해 좋다.

그러기 위해서는 날씨가 좋은 날, 밖에 나가 맑고 시원한 공기와 햇살을 듬뿍 받게 하면 기분 좋게 피곤해져 일찍 자고 일찍 일어나는 습관이 붙게 된다.

일찍 자고 일찍 일어나는 아이로 키우고 싶다 ② 

낮잠을 오래 자는 아기는 낮잠 시간을 줄인다

밤에는 잠버릇이 나쁘다가 아침이 되면 피곤해하며 늦게까지 자는 아기가 있고, 낮잠을 보통 3, 4시간씩 자는 아기도 있다.

엄마들은 아기가 낮잠 자는 시간을 이용해 밀린 일을 하며 차를 마시고 쉬기도 한다. 그래서 아기가 깨지 않도록 조용히 한다. 보통 낮잠 시간은 1시간에서 1시간 반이 적당하다. 지나치게 많이 자는 아기는 조금 움직일 때 안아서 우유를 먹이거나 조금 두드려서 잠을 깨우도록 한다. 그래야 일찍 자고, 일찍 일어나는 규칙적인 습관을 붙이는 데 도움이 된다.

일찍 자고 일찍 일어나는 아이로 키우고 싶다 ③ 

부모가 함께 규칙적인 생활을 한다

현대의 핵가족화된 가정생활에서 아기는 부모의 생활을 닮아 간다.

　좁은 공간에서 늦게 돌아온 아버지가 텔레비전과 신문을 보며 엄마와 늦게까지 이야기를 나누면, 신경이 예민한 아기는 잠을 잘 수 없게 된다.

　아기를 중심으로 모든 생활을 할 수는 없지만, 부모가 협력해서 아기가 잘 시간에는 엄마 곁에서 편히 잘 수 있도록 하는 배려가 필요하다.

배변과 배뇨를 확실히 가르치고 싶다 ①

규칙적인 생활을 한다

　일반적으로 규칙적인 생활을 하는 아기는 어느 정도 배변과 배뇨 시간이 정해진다. 배변은 하루 한두 번, 배뇨는 2, 3시간마다 하게 된다. 이 시기에는 화장실에 데리고 가면 반사적으로 배설을 하게 되는데, 이것이 습관이 되어 기저귀를 차지 않을 수도 있다.

　이것은 예외적인 경우이고, 보통 배설의 의사 표시를 할 수 있는 시기는 생후 1년이 지나서부터이다. 그래서 한 살 때부터 생활의 규칙적인 리듬을 만들어주는 것이 좋다.

　먼저 식사, 목욕, 수면 시간이 일정하면 자연히 배설하는 시간이 정해진다. 그러나 아기마다 개인차가 있기 때문에 무리하게 강요하면 신경질적인 성격이 되며, 기저귀를 빼는 시기가 더 늦어질 수도 있다. 그러므로 너무 조급하게 서두르지 말아야 한다.

배변과 배뇨를 확실히 가르치고 싶다 ②

10개월경부터는 식후 같은 시간에 변기에 앉힌다

아기는 월령이 늘어남에 따라 우유를 마신 뒤 반사적으로 배변을 한다. 그러한 단순한 생리작용을 이용하여 생후 5개월부터 기저귀를 빼는 실험에 성공한 예도 있다.

날마다 엄마가 같은 시간 같은 장소에서 배설을 시키면 성공한다고 한다. 그러나 적당한 시기가 되면 자연히 가릴 수 있게 되므로 무리할 필요는 없다. 배변 횟수는 하루에 한두 번이므로 10개월 무렵부터 차츰 변기에 앉는 습관을 들이면 빨리 가리게 된다.

목욕을 좋아하는 아이로 키우고 싶다①

온도 조절을 일정하게 한다

아기들은 일반적으로 물을 좋아해 물장난을 즐긴다. 그러나 물 속에 들어가면 울거나 놀려고 하지 않는 아기도 있다. 물이 너무 뜨겁거나 갑자기 물에 넣어 놀랐을 때 이런 반응을 나타내게 된다. 어른에게는 약간의 온도 차이가 아무것도 아니지만, 아기 피부로 느끼는 차이는 상당한 것이다. 어른의 입장에서 생각하지 말고 늘 아기 입장에서 생각해야 한다.

한번 물에 대해 나쁜 경험을 하면 아기들은 쉽게 적응하기가 어렵다. 38~40C°의 적당한 온도로 놀라지 않게 천천히 적응시키는 것이 좋다.

생후 1개월 된 아기는 옷을 입힌 채, 또는 수건에 싸서 물에 넣고 물 속에서 옷이나 수건을 벗기며 씻기는 것이 피부에 자극이 덜 가므로 효과적이다.

목욕을 좋아하는 아이로 키우고 싶다 ②

몸을 씻을 때는 자극을 주지 않는다

아기 몸은 매우 민감하기 때문에 몸을 닦아줄 때도 신중히 해야한다. 아기는 매일 목욕을 하기 때문에 조금 덜 씻겨도 걱정할 필요는 없다. 어른들이 목욕을 하는 것처럼 손과 발을 세게 문지르면 아기는 심한 불쾌감을 느끼게 된다.

무리하게 씻기기보다는 물에서 놀게 한다는 자세로 자연스럽게한다. 또한 머리를 감기거나 얼굴에 비누칠을 할 때는 더욱 조심해서 눈이나 귀에 비눗물이 들어가지 않도록 해야 한다. 어릴 때느낀 목욕에 대한 불쾌감이 커서도 목욕을 싫어하고 씻는 것을 싫어하게 되므로 세심한 주의가 필요하다.

목욕을 좋아하는 아이로 키우고 싶다 ③

목욕용 장난감을 갖고 놀게 한다

'목욕하는 시간은 즐겁고, 목욕탕은 즐거운 곳'이라는 인식을심어주기 위해서는 엄마의 역할이 중요하다. 아기에게 목욕하는즐거움을 가르치는 가장 간단한 방법은 물에서 갖고 놀 수 있는장난감을 주는 것이다.

물에서 움직이며 소리내는 물고기와 배 모양의 장난감은 아기에게 흥미를 불러일으키며, 목욕하는 시간을 즐겁게 놀 수 있는시간이라고 인식하게 된다. 목욕을 하면서 엄마와 함께 물을 튕기거나 바가지에 물을 담아 흘러내리게 하는 등 함께 놀게 되면 아기는 목욕을 즐기게 된다.

엄마와 함께 살을 맞대며 물에서 노는 것도 좋은 방법인데, 아기 때는 여러 사람이 모이는 대중탕에는 데리고 가지 않는 것이 좋다.

엄마와 목욕을 함께 하면 스킨십을 최대로 높일 수가 있다.

청결한 아이로 키우고 싶다 ①

기저귀가 젖으면 귀찮더라도 곧 갈아준다

요즘은 오줌을 3번까지 싸도 잘 젖지 않는 종이 기저귀가 있어서 세탁하는 수고와 기저귀를 가는 번거로움을 덜고 있다. 하지만 아무리 흡수가 잘 된다 해도 젖은 종이 기저귀를 하고 있는 아기의 기분은 불쾌해진다.

아기가 불쾌하게 느낄 때, 빨리 기저귀를 갈아주면 당연히 깨끗한 것을 좋아하는 아이로 자라게 된다.

또한 오랫동안 기저귀를 갈아주지 않으면 살갗이 빨갛게 되거나 염증이 생기므로 자주 갈아주고 가끔씩 닦아주어야 한다.

청결한 아이로 키우고 싶다 ②

손과 얼굴을 저주 닦아준다

아기라도 입 주위나 얼굴에 음식물이 묻으면 불쾌하게 느껴진다. 그것을 엄마가 거즈로 살짝 닦아주면 끈끈하거나 불쾌한 느낌이 사라지므로 방글방글 웃는다. 그러나 무리해서 억지로 닦으려고 하면 아기는 울음을 터뜨리므로 여름에는 시원한 수건으로, 겨울에는 따뜻한 수건으로 살살 가볍게 닦아준다.

또한 음식을 먹을 때, 이유식을 하는 아기는 턱받이를 하고, 손을 닦는 습관을 붙여준다. 3, 4세가 된 아이가 식사 전에 스스로 손을 닦는 것은 이유식을 할 때부터 손을 닦는 습관을 들였기 때문이다. 3, 4세가 되어 손을 닦는 습관을 들이는 것은 무척 어려우므로 좀더 어릴 때 습관을 들이는 것이 좋다.

이 닦는 것을 빨리 가르치고 싶다

이 닦는 흉내를 내게 한다

이를 튼튼하게 하고 잘 보호하기 위해 좀더 빨리 이를 닦게 하려면 어떻게 해야 할까?

이가 나는 것은 6개월부터이고 첫돌이 되어도 8개의 앞니만 나오므로 이런 상태에서 칫솔에 치약을 발라 닦는 것은 무리이다. 만약 치약이 입에 들어가서 먹게 되면 불쾌한 기분만 들 뿐 이 닦기를 싫어하게 된다.

아기에게 무리하게 이를 닦게 하는 것보다는 아기용 칫솔에 치약을 묻히지 않은 상태로 엄마를 따라 흉내를 내게 하는 것이 효과적이다. 스스로 칫솔을 쥔다는 것만으로도 습관을 붙이기가 쉬워진다.

컵을 사용해서 우유나 물을 먹게 하고 싶다

기분이 좋을 때, 우유나 물을 컵에 따라 마시는 연습을 한다

보통 1년 6개월 정도 지나면 우윳병을 사용하지 않고 컵에 따라 물을 마신다. 그러나 3살이 가까운데도 우윳병에 강한 집착을 보이는 것은 엄마가 계속해서 우윳병을 사용했기 때문이다.

귀찮더라도 컵을 사용하는 습관을 들여주면 우윳병을 사용하지 않는 시기가 빨라진다. 잊지 말아야 할 것은 우유 등을 흘려 옷이 젖었을 때 금방 갈아입혀야 한다는 것이다.

식사 예절을 잘 가르치고 싶다 ①

우유를 먹을 때 장난을 하면 우윳병을 빼앗는다

아기는 언제나 정해진 양의 우유를 모두 먹지는 않는다. 특히 이유식을 하기 전의 아기는 그날의 상태에 따라 많이 먹거나 적게 먹어 남기기도 한다.

수유시간의 간격은 보통 5개월에서 10개월까지는 3시간 정도인데, 필요한 만큼 충분히 먹지 못하면 1시간 뒤에 또 먹으려 한다. 또한 수유시간이 오래 걸려도 양이 줄지 않으면, 혀로 우윳병을 빨거나 꼭지를 물고 장난하는 것을 볼 수 있다.

이러한 상태로 오래 방치해두면 커서도 정해진 시간에 식사를 하지 않는 버릇이 생긴다. 우윳병을 뺏으면 울게 되는데, 이때는 안아서 다독거려 주고 우윳병을 다시 주지 않는다.

식사 예절을 잘 가르치고 싶다 ②

식사는 정해진 시간에 하게 한다

어느 정도 개인 차는 있으나 5개월이 지나면 이유식과 우유를 먹는 횟수가 거의 일정해진다. 그날의 운동량과 수면시간에 따라 먹는 시간과 양이 조금씩 달라지지만, 정해진 시간을 지키면서 아기에게 맞는 방법을 선택하도록 한다.

식사 예절을 잘 가르치고 싶다 ③

식사할 때 실수하더라도 꾸짖지 말고, 잘했을 때는 칭찬해준다

이유식에 익숙해진 다음 스스로 먹게 내버려두면 컵의 물을 쏟고 엎지르게 된다. 이때는 "안 돼."라고 하기보다는 아기의 상과 식기를 마련해주어 먹는 연습을 시킨다. 시킨 대로 잘했을 때는 아낌없는 칭찬을 해주는 자세가 필요하다.

칭찬을 듣게 되면 아기는 자신 있게 숟가락을 사용하고 컵의 물을 마시는 등 혼자서도 빠른 시일 안에 식사를 할 수 있게 된다.

식사 예절을 잘 가르치고 싶다 ④

스스로 먹는 습관을 기른다

아기는 6, 7개월이 되면 어른이 식사하는 것에 흥미를 느끼게 된다. 지금까지 엄마에게만 의지하고 있던 아기는 스스로 해보고 싶은 의욕이 생겨 식탁을 마구 어지럽힌다.

이러한 행동을 보고 나쁜 버릇이 들까 봐 걱정할 필요는 없다. 자립심이 생기는 증거이기 때문이다. 자기 스스로 해봄으로써 만족감을 느낄 수 있고, 먹는 즐거움도 느끼게 된다.

식사 예절을 잘 가르치고 싶다 ⑤

즐거운 식사 분위기를 만든다

아기가 식사시간에 참여하려고 하면 엄마는 아기용 의자와 식기를 준비하고 어른과 함께 식탁에 앉힌다. 그러나 아기는 식사를 하기보다는 놀이의 연장으로 생각해 호기심이 나는 것들을 두드리며 식사를 방해한다. 이때 엄마는 억지로 바로 앉히거나 흘린 것을 치우게 된다.

그러나 아기가 그릇 등을 두드릴 때 소리를 내어 박자를 맞춰주거나 분위기를 즐겁게 해주던 아기는 식사시간을 기다리며 잘 먹게 된다.

식사 예절을 잘 가르치고 싶다 ⑥

식탁 밑에 비닐을 깔아준다

11개월이 되면 아기는 이유식을 혼자서 먹으려고 하지만 숟가락질이 아직 미숙하므로 주위를 어질러 놓는다. 그러면 엄마는 이것저것 '안 돼'가 입에 습관처럼 붙게 된다.

이럴 경우 아기에게 커다란 턱받이를 해주고, 식탁 밑에는 비닐을 깔아서 쉽게 정리할 수 있도록 한다. 그러면 아기는 즐겁게 식사를 하게 되고 엄마는 신경을 덜 쓰게 되어 효과적이다.

식사 예절을 잘 가르치고 싶다 ⑦

식사 때가 아니더라도 식기를 가지고 놀게 한다

첫돌을 전후해 아기는 숟가락을 갖고 두드리며 입안에 넣고 장난하기를 좋아한다. 이때는 굳이 빼앗으려고 하지 말고 마음껏 갖고 놀게 하는 것이 호기심을 만족시켜 줄 수 있다. 또한 식사 때 갖고 놀던 숟가락으로 밥을 먹는 만족감도 느끼게 된다.

편식하지 않는 아이로 키우고 싶다 ①

야채 수프 등으로 맛의 트레이닝을 시킨다

편식하지 않고 아무것이나 잘 먹는 튼튼한 아이로 키우기 위해서는 2, 3개월부터 야채 수프나 야채 주스로 맛을 길들이는 방법이 좋다. 향이나 맛이 강한 것은 피하고 묽게 해서 여러 가지를 맛보는 습관을 들여야 이유식도 순조롭게 할 수 있다.

먹지 않으려고 할 때는 무리하게 먹이는 것보다는 농도를 묽게 하거나 설탕을 조금 넣어 맛을 조금 바꾸어서 먹이는 것이 좋다.

편식하지 않는 아이로 키우고 싶다 ②

음식을 따로 만들지 말고, 어른 식탁에서 음식을 준다

오랜 시간과 노력을 기울여도 아기가 잘 먹지 않으면 속상해진다. 이때는 어른이 먹는 음식을 잘게 잘라 아기가 먹을 수 있도록 해주는 것이 좋다.

혹시 소화가 잘되지 않을까 염려하는 경우도 있으나 아기가 좋아하면 조금씩 먹여서 식사시간을 즐겁게 하는 것도 좋은 방법이다.

편식하지 않는 아이로 키우고 싶다 ③

이유식을 할 때, 먹기 싫어하면 무리하게 먹이지 말고 기다린다

8, 9개월이 되면 하루에 두 번 이상 이유식을 하게 되는데, 잘 먹지 않는 음식이 생기게 된다. 이때 무리해서 먹이려고 하면 기억에 남아, 커서도 잘 먹지 않게 된다. 아기가 잘 먹지 않는 음식은 약 1주일 정도 지난 뒤에 조리방법을 바꿔서 다시 먹여본다.

고기를 싫어하는 것을 고쳐주고 싶다

고기를 먹기 좋게 한다

10개월 이후에는 이유식에 고기를 사용하는데, 이때 고기를 잘못 먹여 체하는 경우가 생기기도 한다. 처음에 고기를 입에 넣었을 때, 대부분의 아기들은 국물만 빨고 뱉어내는 것이 보통이므로 아기들이 잘 먹도록 담백하고 부드럽게 조리하도록 한다.

미각이 발달된 아이로 키우고 싶다

맛있는 음식을 먹는 모습을 보여준다

이유식이 중요한 이유는 자란 다음에도 크게 영향을 미치기 때문이다. 여러 가지 음식에 맛을 들이고 익혀 온 아기는 단조로운 이유식만 한 아기보다 미각이 발달한다.

아기가 싫어하는 음식을 가족들이 맛있는 표정으로 먹는 것도 아기가 먹고 싶은 마음이 생겨, 좋은 영향을 주게 된다.

병에 잘 걸리지 않는 아이로 키우고 싶다

모유로 키우지 않더라도 초유만은 반드시 먹인다

부모라면 누구나 아기가 병에 걸리지 않고 튼튼하게 자라주기를 바란다. 물론 가벼운 감기나 설사병 정도는 현대의학으로 쉽게 치료할 수 있다.

그러나 엄마가 아기의 건강을 위해 의학에만 의존하지 않고, 반드시 해야 할 일이 있다. 출산 후 2, 3일에 나오는 초유를 반드시 아기에게 먹여야 한다는 것이다.

젖이 잘 나오지 않는 사람도 초유는 반드시 나오므로 아기를 모유로 키우려는 사람이나 인공 영양으로 키우려는 사람이나 초유만은 먹이는 것이 좋다.

초유에는 우유에 들어 있지 않은 크로블린이라는 항체가 들어있어 아기를 여러 가지 병으로부터 지켜주며, 나쁜 균을 죽이는 세포가 많이 포함되어 있어서 병에 대한 면역이 생긴다.

우유에는 모유보다 영양은 조금 높지만 면역체와 항균물질이 들어 있지 않다. 따라서 시간이 걸리더라도 포기하지 말고 초유를 먹이도록 노력해야 한다.

감기에 잘 걸리지 않도록 키우고 싶다 ①

옷은 어른보다 하나씩 적게 입힌다

겨울철은 춥고 적당한 온도를 유지하기 어려워 건조하기 때문에 감기에 걸리기 쉽다. 따라서 엄마들은 아기에게 옷을 많이 입힌다.

그러나 아기들은 잠을 잘 때를 제외하고는 쉴새없이 움직이므로 어른이 생각하는 것보다 더의를 많이 탄다. 또한 운동량이 많기 때문에 신진대사도 활발하다.

옷을 두껍게 입히거나 양말을 신겨 놓으면 아무래도 불편해지므로 운동량도 줄고 그만큼 신진대사도 떨어진다. 그러므로 오히려 감기에 걸리기가 쉽다.

또 많이 껴입는 경우에는 거의 피부가 공기에 노출되지 않아 추위에 약한 체질이 되어버린다. 그러므로 계절에 상관없이 어른보다 옷을 하나씩 덜 입힌다는 생각으로 키운다.

감기에 잘 걸리지 않도록 키우고 싶다 ②

생후 1개월이 지나면 외기욕을 시킨다

감기에 걸리기 쉽다는 것은 병에 대한 저항력이 약하다는 말이다. 그러므로 아기에게 저항력을 길러주면 감기에 잘 걸리지 않게 된다.

그러기 위해서는 아기를 집안에만 두지 말고 밖의 신선한 공기를 마시게 하고 외기욕을 시켜야 한다. 외기욕은 아기의 피부를 튼튼하게 해줌과 동시에 코, 입, 기관지의 점막을 강하게 한다.

미숙아나 몸에 이상이 없다면 생후 1개월부터 부분적인 외기욕에서 전체적으로 햇빛과 바람을 느낄 수 있게 해준다. 봄 가을에는 오전 10시~오후 2시 사이, 겨울에는 가장 따뜻한 시간이 좋다.

감기에 잘 걸리지 않도록 키우고 싶다 ③

아기의 손발은 공기가 통하게 한다

보통 아기들은 얼굴만 내놓고 온몸을 꽁꽁 싸놓게 된다. 그러나 외기욕을 위해 밖으로 나갈 때는 손발을 되도록 공기와 맞닿게 한다. 겨울철의 바람이 부는 날을 제외한 따뜻한 오후, 바람이 없을 때는 되도록 공기를 쐬어준다.

감기에 잘 걸리지 않도록 키우고 싶다 ④

날씨가 좋을 때는 실내나 베란다에서 일광욕을 한다

1개월쯤 외기욕을 한 다음에는 일광욕을 시작한다. 외기욕은 점막을 강하게 하고 일광욕은 비타민 D를 생성해서 뼈와 이의 발육을 도와준다. 또 혈액순환을 도와서 코와 기도, 점막을 강하게 하므로 감기에 잘 걸리지 않는다.

일광욕 시간은 봄 가을엔 오전 9~11시, 오후 1~4시가 좋다. 여름엔 오전 8시 전에, 오후에는 4시 이후에 하는 것이 좋으며 그래도 햇살이 강할 경우에는 창문을 닫고 마루나 창가에서 할 수도 있다.

처음에는 손과 발끝을 하루 3~5분씩 2, 3일 계속하고, 무릎 팔굽을 5~10분씩 하며, 조금씩 벗기는 부분과 시간을 늘려간다. 한 달 뒤에는 전신욕을 30분씩 한다.

감기에 잘 걸리지 않도록 키우고 싶다⑤

일광욕을 하면서 피부를 문질러준다

일광욕을 시키면서 마른 거즈나 부드러운 수건으로 피부를 마찰시킨다. 건포 마찰은 피부를 자극해 몸 속의 혈액순환을 도와주고 피부와 내장의 활동을 원활하게 해주며 감기에 대한 저항력을 길러준다.

손, 발, 가슴 등의 순서로 몸 끝에서 심장부 쪽으로 피부가 빨개질 정도로 문질러준다.

일광욕뿐 아니라 목욕 후나 기저귀를 갈아줄 때도 피부를 마찰시켜주는 것이 좋다.

횟수나 시간은 아기의 상태를 보아가며 무리가 가지 않도록 해야 하며 식후에는 피하는 것이 좋다. 건포 마찰은 엄마와의 스킨십을 높일 수 있기 때문에 아기가 무척 좋아한다.

일광욕이나 건포 마찰을 정해진 시간에 하게 되면 생활에 리듬감을 주어 일석이조의 효과가 있다.

감기에 잘 걸리지 않도록 키우고 싶다 ⑥

날마다 목욕을 시켜 피부를 단련시킨다

목욕도 외기욕이나 일광욕처럼 아기의 피부를 온도 변화에 적응시키는 효과가 있다. 또 목욕하면서 수증기를 들이마시는 것도 기관지에 좋은 영향을 준다.

엄마가 바쁘고 힘이 들더라도 하루에 한 번씩 목욕을 시키는 것이 좋다. 아기들은 신진대사가 활발하여 땀을 많이 흘리므로 자주 씻어주지 않으면 피부가 발갛게 짓무르기도 한다.

아기가 감기에 걸렸을 때 열이 없으면 목욕을 시킨다. 그러면 신진대사가 잘되고 잠을 깊이 잘 수 있으므로 감기가 빨리 낫게 된다.

감기에 잘 걸리지 않도록 키우고 싶다 ⑦

목욕 후에는 발목에 냉수욕을 시킨다

콧물을 흘리고 목에 가래가 끓고 골골하는 아기는 기관지가 약해질 염려가 있다. 이때는 냉수욕을 해서 저항력을 기르는 데 힘을 쓰는 것이 효과적이다.

냉수욕이라고 해서 찬물에 몸을 담그거나 물을 붓는 것이 아니라 따뜻한 물로 몸을 따뜻하게 한 다음 마지막으로 발목에 찬물을 두세 번 끼얹어준다. 처음에는 찬물에 놀라지만 금방 길들여진다.

발에는 모세혈관이 모여 있으므로 따뜻해진 발목에 찬물을 끼얹으면 자극을 받아 몸 전체의 피순환을 돕는다. 따라서 감기 뿐만 아니라 병에 대한 저항력이 강한 체질이 된다. 물론 튼튼한 아기에게도 냉수욕을 해주는 것이 좋다.

감기에 잘 걸리지 않도록 키우고 싶다⑧

순면 속옷을 입힌다

목욕을 한 뒤, 따뜻해진 몸이 식으면 추워지고 이때 감기에 걸리기 쉽다. 아기가 땀을 많이 흘려도 목욕 후와 같은 상태가 된다. 젖은 속옷을 그대로 입고 있으면 마르면서 체온을 빼앗아가므로 감기에 걸리게 된다. 그래서 땀을 흘린 후에는 자주 속옷을 갈아입혀야 한다.

속옷은 땀을 잘 흡수하는 순면 내의가 부드럽고 아기의 피부에 저항을 주지 않아 좋다. 솔기는 바깥쪽으로 나와 있는 것이 좋고 활동하기에 편리해야 한다.

열이 나기 쉬운 체질을 고치고 싶다

여름철 아기 방은 25℃ 전후로 유지한다

여름철에 아기가 갑자기 열이 나서 엄마를 놀라게 할 때가 있다. 감기도 들지 않았고, 다른 증상도 보이지 않는데 열이 38℃까지 오르고 기운이 없고 젖을 토하는 일까지 생기게 된다.

아기는 보통 사람보다 체온이 약간 높은 편인데, 이렇게 갑자기 열이 오르는 것은 대부분 6, 7개월 무렵에 나타난다. 열이 나는 이유는 아기 몸이 동글동글하므로 열을 발산하기가 힘들고, 방이 너무 더워 그 열이 몸에 배어들기 때문이다.

우선 방을 서늘하게 해서 몸을 식혀주고, 수분을 충분히 공급해 주면 차츰 열이 내려간다.

짜증내는 것을 고치고 싶다

조용한 곳을 선택한다

조금이라도 자기 뜻대로 되지 않으면 큰 소리를 지르거나 우는 아기가 있다. 이것은 아기의 자아가 싹트고 있다는 증거이다. 자아가 싹트는 시기는 10개월 전후로, 이 무렵에는 아직 몸을 자유롭게 움직일 수 없고, 말로 의사 표시도 할 수 없기 때문에 짜증을 내게 된다.

이럴 때는 되도록 조용한 곳에서 기분 전환을 시켜 마음을 안정시켜주고, 무엇을 요구하는지 잘 살펴서 도와주어야 한다.

설사하는 것을 고치고 싶다

끓인 물이나 보리차를 많이 먹인다

아기가 설사를 하루에도 몇 번씩 며칠을 계속할 때가 있다. 생후 2, 3개월까지는 1개월 이상 하루에도 3, 4번씩 계속 설사하는 일이 생기는데, 소화 흡수 능력이 아직 미숙하기 때문에 변이 묽은 것이다. 아기가 평상시와 같이 식욕도 있고 열이 없으면 그다지 걱정할 필요는 없다. 이것은 단순 설사라 하여 병 때문에 일어나는 설사와는 구별된다.

이런 아기에게 예전에는 보리차나 미음만을 먹였지만 지금은 소화흡수를 돕는 분유가 시판되고 있으므로 단순 설사일 경우에는 음식물에 신경을 써주면 쉽게 고칠 수 있다. 단지 설사를 하면 수분이 많이 소비되기 때문에 30～40℃ 정도의 끓인 물이나 보리차를 먹여 수분을 보충해주는 것이 좋다.

설사로 인해 아기의 짜증이 늘고, 잘 먹지 않고 열이 나면 곧 병원에 가봐야 한다.

변비를 고치고 싶다
계절에 따라 과일로 주스를 만들어준다

아기의 변비가 3, 4일 계속되면 몸에 나쁜 영향을 끼칠까 봐 걱정이 된다. 아기가 얼굴이 빨갛게 될 정도로 힘을 주는 모습은 옆에서 보기에도 무척 안쓰럽다.

변비는 생후 2, 3개월에는 흔히 발생하며 걱정할 정도는 아니다. 그러나 변비가 원인이 되어 식욕이 떨어지고 변이 너무 굳어져 홍문에서 피가 날 정도가 되면 곤란하므로 고치도록 노력해야 한다. 관장을 하는 방법도 있으나 자연스러운 식이요법으로 변을 보게 하는 것이 더 좋다.

가장 좋은 식이요법은 우유 외에 그 계절에 많이 나는 신선한 과일로 즙을 만들어 먹이는 것이다. 1, 2개월에는 과일 외에 설탕물이나 보리차를 먹인다. 6, 7개월 된 아기는 운동 부족이 원인일 수도 있으므로 자주 움직이게 하고 밖에서 충분히 놀게 한다.

코가 막히는 것을 고치고 싶다 ①

공기를 자주 마시게 한다

아기는 코의 점막이 약하므로 쉽게 코가 막히며, 감기가 들지 않아도 콧구멍이 작기 때문에 막히는 경우가 있다. 특히 3~5개월 된 아기에게 자주 일어난다.

코가 막힌 상태에서 잠이 들면, 입을 벌리고 호흡을 하게 되므로 목이 상하고 기관지에도 나쁘다. 또한 입을 벌리고 자면 감기에 걸리기 쉬우므로 이것은 빨리 고쳐주어야 한다.

아기에게 외기욕을 자주 시키고, 바깥 공기를 자주 마시게 해주면 저항력도 길러지고 가벼운 코막힘도 고칠 수 있다. 겨울철에는 특히 난방이 된 방에 갇혀 지내는 일이 많아지므로 환기와 외기욕을 자주 해야 한다.

코막힘은 보통 7, 8개월이 지나면 자연히 나아지므로 걱정할 필요는 없다.

코가 막히는 것을 고치고 싶다 ②

코딱지를 빼내준다

아기의 코가 막히는 원인의 하나가 코딱지인데, 콧물이 콧속에서 말라붙어 호흡을 방해하는 것이다. 하찮게 생각하기 쉬우나 아기는 스스로 코를 풀 능력이 없기 때문에 매우 힘이 든다.

목욕 후 귓속의 물을 닦아낼 때 작은 솜방망이로 코도 한 번씩 닦아준다. 그러나 코가 나오지 않을 때는 굳이 건드릴 필요가 없다. 아기가 머리를 이리저리 흔들어 코의 점막을 다치게 할 위험이 있기 때문이다. 아기가 잠든 후에 살짝 떼어주는 것도 한 방법이다.

기관지를 튼튼히 하고 싶다 ①

15℃ 이하일 때에는 외기욕을 시킨다

신생아일 때는 방안 온도를 20~24℃ 정도로 하고 옷은 얇게 입힌다.

생후 1개월부터는 외기욕을 시키며 생후 2개월에는 일광욕을 시키고 공기와 햇빛을 충분히 쬐게 해준다.

아기의 기분이 좋을 때는 바람이 없는 오후에 날씨가 좀 춥더라도 외기욕을 시키는 습관을 들이면 기관지가 튼튼해진다.

기관지를 튼튼히 하고 싶다 ②

생후 1개월까지는 잠잘 때 안아주지 않는다

하루가 다르게 성장해가는 아기는 갓 태어났을 때와 1, 2개월이 지났을 때와는 큰 차이가 있다. 아기는 엄마의 뱃속과 바깥 사회와의 중간 상태에 있다. 심장, 순환기계가 바깥 세계에 적응해가는 기간이므로 체내에 산소를 공급하기 위한, 기관지와 호흡기계의 작용은 아직 미흡하다.

이 기간에는 아기가 안정을 취할 수 있도록 하는 것이 가장 중요하다. 안아주거나 흔들어주는 등 불필요하게 운동을 시킬 필요는 없다.

기관지를 튼튼히 하고 싶다 ③

남편의 협력을 얻어 금연하도록 한다

아기는 약간의 환경 변화와 기온에도 민감하기 때문에 외부의 먼지나 담배연기 등에 재빨리 반응한다. 몸 속에 들어오는 이물질을 제거하려고 기침을 하게 되는데, 기침을 하면 기관지에 자극이 가고 기침하는 체질로 변하기 쉬우며 감기도 쉽게 걸리게 된다.

무엇보다 먼저 청결한 환경을 만들어주고 필요 없는 자극을 주지 않도록 집안 식구들의 협력이 필요하다.

코 고는 버릇을 고치고 싶다 ①

베개를 베지 않고 잠자게 한다

보통 아기가 잠잘 때는 쌕쌕거리는 숨소리가 들리는데, 7, 8개월이 되면 코를 고는 아기가 생긴다. 콧물이 많이 나오거나 코가 막힌 것도 아니므로 버릇이 될까 봐 염려하게 된다.

아기가 코를 고는 것은 어른과 달리 코에서 목구멍으로 통하는 관이 압박을 받기 때문이다. 반면에 어른이 코를 고는 것은 피로나 정신적인 스트레스, 과음으로 기도가 늘어지고 좁아져서 생기는 미동음이라고 볼 수 있다.

아기의 경우는 베개나 잠옷 깃, 이불에 의해 기도가 압박을 받아 일어날 수도 있으므로 1살 반까지는 베개를 베지 않는 것이 좋다. 옷도 여유 있게 크게 입힌다.

코고는 버릇을 고치고 싶다 ②

깨우지 말고 불을 켠다

아기가 코를 고는 것은 기도의 압박으로 생길 수도 있으나 피부와 코의 점막이 과민해서 기후 변화에 적응하지 못해 생기는 경우도 있다.

그 중에는 어른보다 더 큰 소리로 코를 고는 아기도 있는데, 흔들어 깨우면 일어나서 울고 잠을 설치게 된다. 그러므로 불을 켠다거나 가볍게 두드려주어 그치게 하는 것이 좋다. 금방 고칠 수는 없으므로 천천히 자연스럽게 고쳐간다.

딸국질을 멈추게 하고 싶다

아기를 안고 등을 살살 문질러준다

우유나 젖을 먹은 뒤나 심하게 울고 난 뒤에 딸국질을 하는 경우가 있다. 딸국질은 젖을 삼킬 때, 울거나 웃을 때 함께 삼킨 공기가 아기의 위를 확장시켜 그 자극이 가슴과 배 사이의 횡경막을 건드려서 일어난다. 아직 신체기관이 미숙한 6개월 미만의 아기에게 잘 일어나는데, 5~10분 이상 계속 되어도 걱정할 필요는 없다.

아기의 등을 살살 문질러주고 물을 먹인다. 어른의 경우처럼 깜짝 놀라게 하는 것은 아기를 더 울게 만들고 불안하게 하므로 다른 놀이로 기분 전환을 시켜준다.

혈색이 좋은 아이로 키우고 싶다

5개월 후에는 모유만 먹이지 말고, 분유를 섞어 먹인다

요즈음은 모유가 좋다는 학설에 따라 많은 아기가 엄마 젖을 먹고 있다. 그러나 6개월이 지나도 계속 모유만 먹이면 영양이 부족되기 쉽다.

무엇보다 철분이 부족하므로 분유를 섞어 먹여서 빈혈을 예방해야 한다. 6개월이 지나면 태어나면서 받은 면역성이 사라지므로 모유보다는 분유나 다른 이유식으로 영양을 보충해주는 것이 아기를 튼튼하게 키우는 비결이다.

잘 토하는 체질을 고치고 싶다

이유식은 다 삼킨 것을 확인하고, 다음 것을 먹인다

생후 1개월 된 아기가 젖을 가끔 토하는 것은 자연스러운 현상이다. 하지만 이유식을 하면서 자주 토하는 것은 문제가 있기 때문이다.

이것은 이유식을 하는 방법에 문제가 있는데, 아기가 잘 받아먹는다고 해서 계속 먹였을 때 뱃속에 부담을 주어서 생기게 된다. 잘못하면 체하거나 해서 오히려 부작용만 생기므로 적당한 양을 조금씩 여러 번 주는 것이 좋다.

뚱뚱해지는 체질을 막고 싶다

아무리 잘 먹어도 한 번에 200cc 이상 주지 않는다

토실토실한 아기는 누가 보아도 귀엽고 예쁘다. 그러나 너무 비대하면 움직이기도 힘들고 겨드랑이나 사타구니가 땀에 짓무르게 된다.

아기에게 되도록 단 음식을 주지 말고 우유를 줄 경우에도 200cc 이상은 주지 않도록 하며, 더 먹으려고 할 때는 보리차나 끓인 물을 주도록 한다.

어른의 경우 잠들기 전에 식사를 하면 살이 찐다고 하여 아기에게도 잠들기 전에는 먹이려고 하지 않은 엄마도 있다. 그러나 한 돌이 되지 않은 아기는 배불리 먹어야 잠도 잘 잘 수 있고 성격도 원만해지므로 염려할 필요가 없다.

알레르기 체질을 고치고 싶다

필요 이상의 음식물을 제한하지 말고, 서서히 길들인다

이유식을 할 때 달걀, 고기, 생선을 넣으면 두드러기가 일어나는 아기가 있다.

이것은 젖만 먹다가 다른 여러 가지 음식을 먹게 되었기 때문이다. 그렇다고 음식을 제한하게 되면 영양 부족이 생기게 되므로 동물성 단백질을 줄이고 조리법이나 식품 선택을 바꾸어본다.

3살이 지나면 알레르기 체질은 차츰 사라지므로 지나친 음식 제한은 피하는 것이 좋다. 음식을 제한하다 보면 편식 체질이 될 수도 있으므로 주의해야 한다.

이유식에 빨리 길들이고 싶다 ①

처음에는 공복에 먹게 한다

5, 6개월이 되어 이유식을 시작해도 잘 먹으려고 하지 않는 아기가 있다. 그럴 때는 먹는 양에 신경 쓰지 말고 식욕을 돋굴 수 있는 것을 생각해본다.

아기에게 늘 무언가를 먹게 해서 공복인 상태로 있을 때가 없었는지 살피며 충분히 운동하고 놀게 한다. 일찍 자고 일찍 일어나며 충분히 노는 아기는 쉽게 배가 고파지므로 자연히 먹게 된다. 그러나 운동을 한 다음이라도 우유나 젖을 먹은 뒤에는 잘 먹지 않는다. 이유식을 시작하면 한 달쯤 젖을 주기 전에 먹이며, 어느 정도 익숙해지면 젖은 원하는 대로 준다.

이유식은 엄마가 편한 시간에 차분히 먹이고 이유식을 주기 전에 충분히 놀게 한다.

이유식에 빨리 길들이고 싶다 ②

처음에 한 입을 받아먹으면 성공이라는 생각으로 시작한다

빠른 아기는 4, 5개월부터 이유식을 시작하는데, 처음에는 혀로 밀어내는 것이 보통이다. 이유식을 잘 먹지 않으면 발육 부진이 될까 봐 염려하는 엄마도 있으나 느긋한 마음을 갖는 것이 좋다.

식사는 즐거워야 하므로 억지로 먹이려고 하지 말아야 한다. 아

기가 일단 한 입을 받아먹으면 차츰 먹게 되므로 아기의 의사를
존중하는 이유식을 한다.

이유식에 빨리 길들이고 싶다 ③

이유식은 꾸준히 한다

이유식을 잘하려면 습관을 잘 들여야 한다. 좀처럼 먹으려고 하
지 않던 아기도 계속 조금씩 연습하면 먹게 된다.

아기에게 자고, 먹고, 놀며 낮잠 자는 시간을 규칙적으로 길들여
주면 이유식도 잘 먹게 된다. 다만 이러한 습관을 엄마 사정으로
깨지 않는 것이 중요하다. 모처럼 길들여진 습관이 소용없어질 수
도 있기 때문이다.

이유식에 빨리 길들이고 싶다 ④

이유식을 함께 먹는 흉내를 낸다

이유식을 먹일 때는 혀의 중간 부분에 넣어준다. 혀끝에 놓아주
면 입 밖으로 나와 버리거나 뱉기 쉽다.

엄마가 숟가락으로 떠서 들고 '어'소리를 내며 입을 벌리게 하
고 넣어주면서 "아, 맛있다."라며 먹는 흉내를 낸다. 이렇게 하면 엄
마와 함께 먹는다는 심리적인 안도감을 느껴 잘 먹게 된다.

이유식에 빨리 길들이고 싶다 ⑤

갑자기 이유식을 싫어하면 우유 양을 줄여본다

처음에는 순조로웠는데 8개월쯤 되어서 갑자기 이유식을 싫어
하는 아기가 있다. 그렇게 되면 우유를 더 많이 먹게 되므로 지금
까지 길들여 온 이유식에 차질이 생긴다.

우유를 주면 줄수록 이유식을 멀리하게 되므로 식후에 먹이는
우유 양을 줄인다. 우유 양이 줄면 배가 고프므로 이유식을 먹게
되며, 여름철에는 물과 보리차를 우유 대신 주도록 한다.

이유식에 빨리 길들이고 싶다 ⑥

맛에 변화를 준다

아기에게 늘 같은 재료로, 같은 맛을 내는 이유식을 주면 싫증
을 내기 쉬우므로 지나치게 달거나 짜게 하지 않는 범위에서 맛에
변화를 주도록 한다.

여러 종류의 맛을 느끼게 하면 미각이 발달하게 되고, 또한 뇌
를 자극하므로 두뇌 발달에도 좋다.

어른들이 먹는 음식을 다지거나 먹기 좋은 형태로 만들어준다.

이유식에 빨리 길들이고 싶다 ⑦

식사량에 상관없이 시간은 30분으로 한다

이유식을 하는 도중에 9, 10개월이 되면 중간에 처지는 현상이
나타난다. 지금까지 잘 먹던 이유식을 싫어하게 되는데, 이때는 무
리하게 먹이려고 시간을 끌지 말고 30분 이내에 먹든 안 먹든 이
유식을 끝낸다. 그래야만 다음 시간까지 공복기간이 생겨 조금씩

먹게 된다.

억지로 먹여 식사에 대한 나쁜 이미지를 심어주는 것보다는 즐겁고 맛있는 시간이라고 생각하도록 느긋한 마음으로 기다린다.

조제분유를 싫어하는 것을 고치고 싶다①

모유를 먹이지 않는다

젖이 잘 나오지 않아 조제분유를 먹어야 할 경우가 생기면, 모유를 끊고 조제분유를 먹여야 영양 부족과 발육 부진을 예방할 수 있다.

그러나 우윳병 꼭지를 밀어내고 먹으려 하지 않거나, 밤중에 일어나서 모유를 찾는 경우가 있다. 우유를 숟가락으로 떠먹일 수도 없고, 한밤중에 깨서 우는 아기를 달랠 수도 없는 상황이 된다. 그럴 때, 부족한 모유를 빨게 하면 분유를 더욱 멀리하게 된다. 그렇게 되면 발육에 지장이 생겨 쉽게 병에 걸리게 된다.

좀 안타깝더라도 4, 5일이 지나면 배가 고파서 어쩔 수 없이 우유를 먹게 된다.

조제분유를 싫어하는 것을 고치고 싶다②

잘 먹지 않더라도 느긋한 자세로 기다린다

모유로는 영양 부족이 되기 쉽다는 생각으로 억지로 분유를 먹이는 엄마가 있다. 그러나 체중을 재보고 발육이 순조로우면 싫어하는 조제분유를 억지로 먹일 필요는 없다.

엄마의 육아에 대한 열의가 지나쳐서 싫어하는 우유를 먹이려고 하면 더욱 싫어하게 된다. 이럴 때 엄마가 아닌 다른 사람이 먹이면 뜻밖에 잘 먹는 경우도 있다. 그렇다고 엄마의 육아가 잘못된 것은 아니다. 아기가 먹고 싶은 만큼 먹게 하고 남겨도 좋다는 여유를 갖고 먹이도록 한다.

조제분유를 싫어하는 것을 고치고 싶다 ③

우유의 농도를 묽게 해준다

아기가 우유를 싫어하면 엄마는 조금이라도 농도를 짙게 해서 영양을 높이려고 양을 늘린다. 그러나 이것은 오히려 역효과를 가져온다. 분유의 양을 늘리면 단백질 섭취가 높아져서 신장에 부담을 주고 혈액 중에 남게 되어 열이 나기 쉽고 체력이 소모되어 식욕이 없어지게 된다.

우유를 싫어하는 아기에게는 농도를 묽게 해서 먹이며 외기욕과 일광욕을 시키고, 많이 움직이게 하여 식욕을 증가시키는 것이 효과적이다.

우유를 싫어하는 것을 고치고 싶다

조금씩 다른 맛을 첨가해서 먹인다

9, 10개월의 이유식 후기가 되면 조제분유에서 우유로 바꾸려는 엄마가 많아진다. 그러나 우유를 싫어해서 먹으려고 하지 않는 아기가 있다. 그럴 경우 지금까지 먹여 온 육아용 조제분유를 계속

먹여도 좋고, 이유식에서 부족한 영양을 다른 음식물로 대체해도 좋다.

우유를 먹으면 설사를 하거나 알레르기를 일으키는 경우를 제외하고는, 우유에 설탕을 조금 타서 먹이든가 코코아 가루나 초콜릿, 또는 과일(딸기)을 으깨어 먹이는 것도 좋은 방법이다.

모유를 끊고 싶다

아기가 젖을 달라고 울어도 3일만 참는다

어른들은 '이유식을 하루 세 번 먹으면 저절로 모유를 먹지 않는다' '혼자서 걷게 되면 모유도 나오지 않는다'는 말을 한다. 그러나 밤중에 젖을 먹으려 하거나 젖을 만지거나 젖을 물지 않으면 좀처럼 잠들지 못해서 젖을 떼는 시기가 점점 늦어지는 경우가 있다. 또한 8개월 이후에도 계속 젖을 먹이면 밤에 울거나 식욕이 떨어지고, 체중이 늘지 않아 병에 잘 걸리는 증상도 나타난다.

젖을 떼려면 확실한 마음의 결정이 중요하다. 아기가 울거나 보채도 3일 동안은 젖을 입에 대주지 않는다. 엄마도 고통스럽겠지만 남편의 도움을 얻을 수 있는 토요일부터 시작하는 것이 좋다. 아기가 밤에 깨어나 울더라도 젖을 주지 않으면 울다가 지쳐서 잠이 들게 되고, 차츰 엄마의 젖을 잊게 된다.

식욕 부진을 고치고 싶다

억지로 먹이려고 하지 않는다

아기는 병이 나지 않아도 일시적으로 식욕 부진을 나타내는 경우가 흔히 있다. 잘 먹지 않는다고 억지로 먹이려고 하면 오히려 식욕 부진을 오래 지속시킬 수도 있다.

엄마의 강요가 심인성 식욕 부진을 초래하는 경우도 있다. 느긋하게 기다리며 색다른 모양과 맛으로 유도하여 흥미를 느낄 수 있도록 하고, 우유를 묽게 해서 먹이는 등 여러 가지 방법을 써본다.

또한 자주 외출하고 충분히 놀게 하면 운동량이 많아져서 먹을 것을 찾게 된다. 이때 주의해야 할 것은 좋아하는 음식만 먹이면 편식하는 버릇이 생기므로 좋고 싫은 음식을 구분하지 않도록 신경을 써야 한다.

엄마 자신이 맛있게 아무것이나 잘 먹는 모습을 보여주는 것이 무엇보다 중요하다.

튼튼한 피부로 키우고 싶다

아기의 키 높이에 온도계를 설치한다

아기의 피부를 충분히 공기와 맞닿게 하면 튼튼해진다. 그러나 겨울철에 노출을 하게 되면 감기에 걸릴까 봐 염려하게 된다. 이때는 실내의 온도를 잘 조절해서 아기가 옷을 많이 껴입지 않고 지낼 수 있도록 겨울에는 20℃ 정도로, 여름에는 25℃ 정도로 온도를 유지하는 것이 좋다.

온도를 측정하기 위해서는 온도계를 설치하는 것이 좋은데, 같은 방안의 온도라도 바닥에서 천장까지의 온도는 커다란 차이가 있다. 방안의 온도를 측정할 때 어른의 눈높이에 설치하는 것보다 아기의 키높이에 맞추어 설치하는 것이 아기를 위해 더 좋다.

종기가 잘 나지 않게 키우고 싶다

긁는 버릇이 생기면 장갑을 끼워준다

아기에게 생기는 발진에는 수포나 붉은 반점 등 여러 가지가 있다. 이때 가장 곤란한 것은 아기가 간지러워서 무의식적으르 긁는 것인데, 습진이나 땀이라도 긁지 않게 해야 한다.

아기의 손은 깨끗해 보이지만, 바이러스 균이 많기 때문에 감염되어 종기가 되는 경우도 생긴다.

아기에게 발진이나 땀띠가 생기면 약을 바르는 것도 중요하지만 긁지 못하도록 손에 장갑을 끼워준다. 겨울철에 끼는 털장갑이 아닌 면으로 된 손싸개가 좋다.

동상에 걸리지 않게 하고 싶다

손과 발을 잘 마사지해준다

옛날에 비해 동상에 걸리는 아이들이 적어진 것은 사실이지만 추울 때 가장 많이 공기와 닿는 부분이 얼굴과 손목, 발목 부분이다. 추위 때문에 얼굴이 빨개지거나 트는 것을 볼 수 있는데, 이것은 혈액순환이 잘되지 않기 때문이다.

손과 발이 얼어서 부었을 경우에는 뜨거운 물과 약간 미지근한 물에 번갈아가며 씻은 뒤 핸드 크림을 발라 잘 마사지해주면 좋다.

겨울철이라고 옷을 많이 입히고 마스크, 장갑으로 온몸을 감싸버리면 저항력이 약해져 감기에 쉽게 걸리며 움직이기도 어렵다. 춥다고 집에서만 놀게 하지 말고 밖에서 뛰어놀게 하며, 가능한 한 손과 발을 자유롭게 해준다.

땀띠가 나지 않도록 키우고 싶다

자주 씻겨준다

땀띠는 땀을 많이 흘린 뒤 옷을 자주 갈아입히지 않으면 생기게 되는데, 기저귀나 옷을 자주 갈아입히는 것은 물론, 피부 손질도 신경을 써야 한다.

땀띠가 잘 나는 이마, 사타구니, 목 둘레 등은 옷을 갈아입히거나 기저귀를 갈 때, 찬 수건으로 닦아주고 베이비 파우더를 살짝 발라준다.

땀띠가 심하면 빨갛게 짓무르는 등 아기에게 고통을 주기 때문에 엄마의 주의력이 매우 필요하다. 여름철엔 특히 자주 씻겨주고, 온도 조절도 잘해야 한다.

침 흘리는 것을 고치고 싶다

턱받이를 자주 갈아준다

생후 3개월에서 6, 7개월에 걸쳐 아기는 침의 분비가 매우 많아진다. 그냥 방치해두면 웃옷이 모두 젖어버리는 경우도 생기는데, 턱을 자주 닦아주지 않으면 턱이 짓무르게 되므로 이것만 주의하면 된다.

침을 많이 흘리는 것은 병이 아니라 건강하게 자라고 있다는 증거이다. 걱정하지 말고 턱받이를 자주 갈아주고, 턱을 자주 닦아서 짓무르지 않게 해준다.

입안에 다른 이상이 생겨 침을 흘리는 경우도 있으므로 잘 관찰하여 병이 난 것은 아닌지 입안과 혀를 살피고 이상이 있으면 병원에 데리고 간다.

엉덩이가 짓무르는 것을 고치고 싶다①

울지 않더라도 기저귀를 자주 살펴본다

기저귀를 자주 갈아주는 데도 엉덩이 부분이 짓무르는 것을 볼 수 있다. 이것은 아기의 피부가 약하기 때문에 오줌에 섞여 나오는 암모니아로 인해 피부염을 일으키기 때문이다.

요즈음은 대부분 흡수가 잘되는 종이 기저귀를 사용하는데, 아기의 피부에 따라 잘 선택해야 한다. 피부가 약한 아기는 면으로 된 헝겊 기저귀가 피부를 보호해준다. 또 아기가 울지 않더라도 자주 살펴서 엉덩이가 짓무르지 않도록 해야 한다. 자주 닦아주고 짓물렀을 때는 연고를 발라주면 금방 낫게 된다.

엉덩이가 짓무르는 것을 고치고 싶다②

날씨가 좋은 날, 일광욕을 시킨다

배변 횟수가 많으면 배변으로 인해 엉덩이가 빨갛게 될 수도 있다. 이때는 더운 물로 자주 닦아주며 날씨가 좋을 때는 가끔씩 바람이 통하도록 해준다. 일광욕을 시켜주면 아기의 기분 전환도 되고 엉덩이가 짓무르는 것도 예방할 수도 있다.

햇빛을 받거나 공기를 통하게 하면, 살균작용도 되고 피부도 강해지는 효과가 있다.

손발이 차가운 체질을 고치고 싶다

잠들기 전에 목욕을 시킨다

밤중에 잠든 아기의 손발을 만져보면 놀랄 만큼 차가울 때가 있다. 특히 겨울에는 이런 증상이 오래 지속된다. 이때는 아기가 잠들기 전에 목욕을 시키고 몸이 따뜻해지면 곧바로 따뜻한 이불 속에 재운다.

아기들은 대체로 이불을 차거나 손발을 내놓고, 심한 경우에는 위로 올라가거나 이불 위에서 자는 경우도 있다. 그러나 감기가 들 정도가 아니면 염려할 필요는 없다. 아기는 추우면 손발을 움츠리므로 이불을 차지 않게 된다. 지나치게 많은 옷을 입히지 말고 자유롭게 잘 수 있도록 해준다.

발과 허리가 튼튼한 아이로 키우고 싶다

놀이를 통해 단련시킨다

요즈음의 아이들은 영양 상태가 좋아서 체격이 좋다. 그러나 키가 큰 반면에 발이나 허리가 약해서 오랫동안 운동을 하거나 하이

킹을 하는 등, 지구력을 요하는 것은 잘하지 못하고 무기력함을 느끼기도 한다. 어려서부터 지나친 보호 속에 자라나 마음껏 움직이거나 뛰어놀지 못해서 생기는 것이다.

튼튼한 발과 허리를 가지려면 돌이 되기 전부터 단련시키는 것이 효과적인데, 놀이를 통한 방법이 좋다.

빨리, 능숙하게 걷게 하고 싶다 ①

보행기를 사용할 때는 하루에 ·시간 정도로 한다

아기가 언제부터 걷기 시작하느냐 하는 문제는 엄마에게 있어 매우 중요한 일이다. 누워서 바둥거리고 뒤집기를 하며 움직이면 엄마는 보행기에 앉혀서 노는 것을 보려고 한다. 따라서 요즈음의 아기들은 기는 단계를 거치지 않고 곧바로 걷는 아기가 많다.

보행기의 사용 시기와 요령을 지켜 너무 오래 보행기에 앉히는 것은 바람직하지 못하다. 보행기는 걷기 전에 걷는 것을 도와주기 위한 수단으로 사용되어야 한다. 따라서 하루에 1시간 이상 앉히지 않도록 한다.

아기의 발달은 앉고, 뒤집고, 기고, 붙잡고 서고, 혼자서 서고 걷는 과정을 거치는 것이 바람직하다.

빨리, 능숙하게 걷게 하고 싶다 ②

기기 시작할 때부터 엉덩이를 받쳐주며 도움을 준다

빠른 아기는 생후 5, 6개월부터 기기 시작하는데 빨리 기는 것과 걷는 것과는 관계가 없다고 생각하는 엄마가 있다. 그러나 바닥을 기는 것은 걷기 위한 첫걸음이라고 할 수 있다. 기기 시작하는 것이 빠르면 발과 손의 근육이 발달되므로 걷는 것이 빨라진다. 또 운동기능과 반사기능을 균형 있게 발달시키기 위해서도 기는 것은 중요하다.

아기가 기어다닐 때는 엄마가 옆에서 엉덩이를 두드려주고 발바닥을 밀어주는 등 도와주면 재미있어 하며 더 잘 기어다니게 된다.

빨리, 능숙하게 걷게 하고 싶다 ③

붙잡고 서기 시작하면 넘어지지 않도록 해준다

기는 것에 익숙해지면 벽이나 다른 물건을 짚고 일어서려고 한다. 그러나 아직 자유롭게 움직일 수 없기 때문에 자주 넘어지고 뒹굴게 되면 상처가 나기 쉽다. 이때는 아기가 넘어져도 다치지 않도록 방바닥에 담요를 깔아주고 위험한 물건은 치운다.

엄마가 아기의 손을 잡고 한두 걸음씩 걷는 연습을 시키는데, 이렇게 며칠 계속하면 금세 걷게 된다.

아기는 걷는 일에 한번 흥미를 느끼면 걸어보려고 하는데, 잘 넘어질 위험이 있으므로 양말을 신기지 말고 발바닥이 바닥에 밀착되도록 해준다.

걷는 것이나 기는 것이나 아기애 따라 늦으면 반 년 정도의 차이가 생길 수도 있으므로 너무 무리하지 않도록 한다.

자세가 바른 아이로 키우고 싶다

이불은 몸이 푹 들어가지 않는 것이 좋다

자세를 바르게 하기 위해서는 우선 등이 곧아야 한다. 등이 곧지 않거나 발육이 더디면 목을 잘 가눌 수 없게 되며, 자세가 나쁘게 고정되어 버린다.

아기는 아직 등이 잘 발달되어 있지 않기 때문에 푹신푹신한 요에 눕히는 것은 바람직하지 못하다. 아기는 적당한 탄력이 있는 요를 깔아주는 것이 좋다.

탐스러운 머리결로 가꾸어주고 싶다

머리는 가능한 한 매일 감긴다

아기의 머리카락이 가늘거나 굵은 것은 유전적인 요소가 많지만, 숱이 많은 탐스러운 머리결로 가꾸는 것은 엄마의 노력으로 가능하다.

어떤 사람이라도 피부에는 모공이 있고, 그곳에서 피지가 생성된다. 특히 코 부분과 머리에서 피지 분비가 활발하게 진행되어 하루라도 머리를 감기지 않으면 머리결이 딱지가 낀 것처럼 된다.

이러한 피지는 머리결을 가꾸는 데 가장 나쁘다. 날마다 머리를 감겨주고 아기용 브러쉬로 가볍게 빗겨주면 머리결이 좋아진다.

머리 모양이 예쁜 아기로 키우고 싶다

특수한 베개를 사용하지 말고 그대로 놔둔다

후두부가 오목하게 들어가거나 나온 아기가 있는 엄마는 지능 발달에 나쁜 영향을 미칠까 봐 염려한다. 그러나 아기의 머리는 생후 2, 3개월이 되어도 대체로 비뚤어진 상태가 많다. 이것은 엄마의 산도를 지날 때 영향을 받거나 엄마 뱃속에 있을 때 같은 위치로만 있어서 생긴 결과이다. 이러한 것은 자라면서 형태가 고정되고 자연히 나아진다.

잠을 잘 때는 같은 방향으로만 재우지 말고 머리를 이리저리 돌려준다. 머리의 뼈가 무를 때 바로 눕혀서 재우면 절벽형으로 뒤가 납작해지게 되므로 위치를 바꾸어주고, 1살 전까지는 베개를 사용하지 않아도 좋다.

엄마 가운데는 아기의 머리를 둥글게 만들려고 태어나자마자 엎어서 키우기도 하는데, 이불이 푹신해서 코가 막힐 위험이 있으므로 조심해야 한다.

사시를 고치고 싶다

산책을 할 때는 멀리 있는 경치를 보게 한다

태어나서 2, 3개월 된 아기는 얼핏 보았을 때, 사시인 것처럼 보일 때가 있다. 그러나 안구운동이 활발해지고 근육이 발달되면 나아진다. 되도록 먼 곳을 보게 해주고 모빌이나 흔들리는 물체를 보며 운동을 시키면 정상으로 돌아온다.

사시가 고쳐지지 않을 경우에는 병원에 가서 치료를 받아야 한다. 한 살짜리 아기의 시력은 보통 0.1~0.2 정도이며 6살 전후가 되면 정상적인 시력이 된다. 그 사이에 시력이 발달되므로 눈에 장해를 주지 않도록 조심한다.

근시가 되지 않도록 키우고 싶다 ① 

눈을 쉬게 해준다

어릴 적부터 안경을 쓰는 것은 여러 가지로 불편하다. 근시가 되지 않기 위해서는 텔레비전을 보면 안 된다고 말하기도 한다. 그러나 아기는 10개월이 지나면 텔레비전을 보게 되고 화면의 움직임에 따라 눈을 움직여서 안구운동을 하게 되어 오히려 효과적이다.

다만 지나치게 가까운 곳에서 보는 것보다는 2m 정도 떨어진 곳에서 보게 한다. 하루에 2시간 이상 보게 하지 말고 1시간 정도 본 뒤에는 쉬게 하는 것이 눈의 피로를 덜어준다.

근시가 되지 않도록 키우고 싶다 ② 

모빌을 달아준다

시력이 좋고 나쁜 것은 유전적인 요소가 많다고 한다. 확실히 그런 면도 있으나 생후 1년 동안의 습관에도 큰 영향을 받는다.

아기의 시력은 덜 발달되어 있기 때문에 성장 과정을 통해서 발달되어 간다. 생후 1, 2개월 된 아기는 눈앞에 움직이는 것을 따라가며 안구를 움직이므로 근육도 발달되고 시력도 발달된다. 그래서 움직이는 모빌을 달아주고 바라보게 하면 시력도 좋아지고, 정서도 안정되므로 적극적으로 시도한다.

턱의 힘을 강하게 하고 싶다

엄마 젖을 빨게 한다

아기의 씹고 깨무는 힘을 강하게 하려면 우윳병보다는 엄마의 젖이 효과적이다.

우윳병은 쉽게 빨 수 있으나 엄마의 젖은 쉽게 빨 수 없기 때문에 입 주위의 근육을 발달시킨다. 그래서 이유식을 할 때 씹는 능력이 소화를 도와 영양을 고루 섭취하게 된다.

어느 정도 이유식이 진행되면 유동식에서 반유동식으로 음식을 바꾸어가며 앞니를 이용하여 깨물 수 있는 음식을 주고 연습을 시킨다. 소화가 어려운 음식보다는 비스킷 등 입으로 깨물어서 녹여 먹을 수 있는 것을 주도록 한다.

고른 이로 키우고 싶다

무엇보다 충치가 생기지 않게 한다

특히 여자아이를 키우는 엄마는 이가 예쁘게 나도록 많은 신경을 쓰게 된다. 어릴 때는 이가 어떻게 날지 확실히 알 수 없으므로 무엇보다 충치가 되지 않도록 해야 한다.

유치가 자라면서 썩으면 영구치에 나쁜 영향을 주므로 이를 잘 보존하려면 너무 단 음식은 되도록 먹이지 않도록 한다.

또 손가락을 빠는 버릇이 있는 아기는 처음 나오는 유치에 압박을 주게 되므로, 다른 놀이로 유도해서 손가락 빠는 일을 잊게 한다.

충치가 없는 아이로 키우고 싶다 ①

탈지면이나 거즈로 이를 닦아준다

아기의 이는 생후 6, 7개월부터 나기 시작하는데, 이가 나면서부터 충치의 위험은 시작된다. 이가 하나라도 생기면 곧 충치 예방을 생각해야 한다. 유치는 그대로 두어도 괜찮다고 생각하는 것은 위험하다. 유치가 충치가 되면 영구치에도 영향을 미치게 되며, 이뿐만 아니라 몸 전체에 이상이 생기게 된다.

충치로 인해 음식물을 잘 씹지 못하면, 식욕도 떨어지고 신체 발육도 늦어지며 성격 형성에도 나쁜 영향을 미친다. 따라서 충치가 되지 않도록 철저한 예방이 필요하다.

아주 어릴 때는 치약을 사용하기 어려우므로 식후에 따뜻한 물을 묻힌 탈지면이나 거즈로 이를 닦아준다. 그리고 2, 3살이 되면 이를 닦는 습관을 붙여준다.

충치가 없는 아이로 키우고 싶다 ②

단 것은 적게 준다

충치는 식후에 이에 남아 있는 찌꺼기가 세균작용으로 인해 산을 만들고, 산이 이의 표면을 녹여서 생기는 현상이다. 특히 어린 아이의 경우 충치의 영향은 심각하다.

갓난아기의 이는 약하기 때문에 충치가 되기 쉽고, 한꺼번에 충치가 되며 구멍이 생기기까지 한다. 산을 만들기 쉬운 음식은 대표적으로 설탕을 들 수 있다. 설탕이 많이 들어 있는 과자, 사탕,

음료수 등을 제한하고, 만약 먹게 되면 반드시 물을 마시게 하거나 이를 닦는 습관을 들여준다.

고운 목소리를 가진 아이로 키우고 싶다

부드러운 목소리로 이야기해준다

아기는 때때로 엄마와 똑같은 행동을 한다. 아무것도 보고 있지 않는 것 같아도 엄마의 동작과 주위의 것을 유심히 살펴본다.

아기가 놀 때 이상한 소리를 지르거나 거친 목소리를 낼 때가 있는데, 그럴 때는 엄마가 아기를 꾸짖거나 타이를 때 큰 소리를 낸 것을 흉내내는 것이다.

이처럼 아기는 엄마의 영향을 많이 받는다. 그러므로 아기를 꾸짖을 때나 부부싸움을 할 때도 세심하게 신경을 써야 한다. 또 아기의 요구 사항을 빨리 알아서 우유를 주든가 기저귀를 갈아주든가 하여 오랜 시간 동안 울리지 않도록 한다. 아기의 성대는 섬세하기 때문에 너무 울면 목소리가 거칠어지기 때문이다.

그리고 어릴 적부터 음악과 가까이 지내게 하여 음감을 익히게 하고, 동요를 많이 들려주어 아기가 흥얼거리며 따라하게 하면 자연히 목소리가 고와진다.

발 모양을 예쁘게 하고 싶다

신발은 여유 있는 것을 신긴다

어른이 되어서도 발바닥이 평평한 사람은 오래 걸으면 피로하

고, 달리기를 잘할 수 없다. 발이 평평해지는 것은 아기의 신발에
문제가 있기 때문이다.

아기의 발은 동글동글하며 지방이 많기 때문에 신발은 꼭 맞는
것보다는 여유있는 것을 신겨야 한다. 발을 자유롭게 움직여서 평
발을 방지하는 것이 모양도 예뻐진다.

멀미를 하지 않는 아이로 키우고 싶다

높이 안아올리는 연습을 한다

차를 타면 유난히 멀미를 잘하는 사람이 있다. 이런 현상은 귓
속에 있는 삼반규관 때문인데, 이것이 민감한 사람은 차를 타면
멀미를 하게 된다.

이처럼 몸의 평형감각을 이루는 부분이 발달되지 못하면 흔들
림이나 진동에 대해 어지럼증이나 불쾌감을 느끼게 된다.

이러한 현상은 아기에게도 나타나는데, 엄마가 옆에서 이야기하
며 정신을 혼잡스럽게 하면 멀미가 덜해진다.

멀미를 방지하기 위해서는 4, 5개월 무렵부터 아기를 늪이 안아
올리는 연습을 자주 해준다. 자연히 평형감각이 발달되어 멀미를
하지 않게 된다.

21세기형 영재 육아법

초판 1쇄 인쇄 · 2006년 8월 10일
초판 1쇄 발행 · 2006년 8월 15일

지은이 · 수잔 루딩톤
펴낸이 · 이종천
펴낸곳 · 오늘

출판등록일 · 1980년 5월 8일 제10-104호
주소 · 서울시 마포구 마포동 35-1 현대빌딩 609호
홈페이지 · www.oneul.co.kr
E-mail · oneull@hanmail.net
ISBN · 89-355-0430-0 33590

* 잘못 만들어진 책은 구입한 서점에서 교환해 드립니다.
* 지은이와 협의로 인지를 붙이지 않습니다.